現場で役立つ
システム設計
の原則

変更を楽で安全にする
オブジェクト指向の
実践技法

増田 亨
Toru Masuda

技術評論社

商標、登録商標について

本文中の社名／製品名については、すべて各社の商標ないしは登録商標であり、各所有者が商標権を保持しています。なお、本文中に™マーク、®マークは明記しておりません。

はじめに

ソフトウェアを変更するとき、こんな経験がありませんか？

- **ソースがごちゃごちゃしていて、どこに何が書いてあるのか理解するまでが大変だった**
- **1つの修正のために、あっちもこっちも書き直す必要があった**
- **ちょっとした変更のはずが、本来はありえない場所にまで影響して、大幅なやり直しになってしまった**

オブジェクト指向でソフトウェアを設計する目的は、こういう変更の大変さを減らすことです。どこに何が書いてあるかをわかりやすくし、変更の影響を狭い範囲に閉じ込め、安定して動作する部品を柔軟に組み合わせながらソフトウェアを構築する技法がオブジェクト指向設計です。

しかし、オブジェクト指向と聞くと「よくわからない」「今の自分の仕事には関係ない」「やってみたがうまくいかない」という人も多いようです。そうなってしまうのは、オブジェクト指向の説明が具体性に欠けていたり、例が単純すぎて現場の感覚には合わない内容が多いからです。

オブジェクト指向は理論ではありません。開発の現場で工夫されてきた設計のノウハウです。現場ですぐに役に立つ実践的なやり方と考え方です。

本書では、私が業務アプリケーションの変更に苦しんだ経験をもとに、オブジェクト指向設計のやり方と考え方、効果があった解決策を、具体的なソースコードを示しながら紹介していきます。特に「なぜそうするのか」を重視して説明します。

オブジェクト指向設計の考え方を理解し、実践で活用するポイントは2つあります。

第1のポイントは「体験」です。オブジェクト指向で設計する良さは、最初はなかなか理解できません。本書で紹介するオブジェクト指向設計のやり方を、現場の実際のコードで繰り返しているうちに、しだいにオブジェクト指向

設計で変更が楽で安全になることが実感できるようになります。一度、その良さを体感できるとオブジェクト指向で設計することが当たり前になります。

第2のポイントは「発想の切り替え」です。オブジェクト指向の言語を使っているが、設計のやり方が手続き型のまま、というケースを私は何度も見てきました。特にJavaは手続き型の発想で書くこともできるプログラミング言語のため、そのようなケースが多いのが実情です。本書で紹介するオブジェクト指向らしい設計の考え方とやり方を理解し、発想を転換する手がかりにしていただければと思います。

オブジェクト指向の考え方は、要件定義や基本設計という、いわゆる上流工程でも威力を発揮します。本書では、要求分析やモデリングのやり方、アプリケーションアーキテクチャの考え方、フレームワークの活用についても、オブジェクト指向の観点から説明します。

また、業務アプリケーションではデータベース、画面インターフェース、外部システム連携も重要な設計課題です。これらについても、オブジェクトの設計と関連づけながら、変更に対応しやすい設計の考え方とやり方を説明します。

そして最後に、参考書籍を紹介しながら、オブジェクト指向設計の学び方／教え方についても取り上げます。

なお、本書のサンプルコードのプログラミング言語はJava、アプリケーションフレームワークはSpring FrameworkとSpring Bootです。ほかの言語やフレームワークを使っている方には、理解しにくい箇所があるかと思いますが、本書で説明する設計の考え方とやり方は、言語やフレームワークの違いを超えて活用できる部分があるはずです。

オブジェクト指向の開発は、分析から実装までが継ぎ目のない一貫した活動です。分析／設計／実装をうまく関係づけることで、ソフトウェアの変更を楽で安全にできるのです。ソフトウェアの変更が楽で安全になれば、開発のやり方が変わります。

みなさんが本書を手がかりに、変更が楽で安全になるオブジェクト指向らしい設計にチャレンジし、その効果を実感していただく助けになればうれしい限りです。

2017年6月　　増田　亨

『現場で役立つシステム設計の原則』目次

CHAPTER 1
小さくまとめてわかりやすくする 013

なぜソフトウェアの変更は大変なのか 014
ソフトウェアの変更に立ち向かう 014
変更が大変なプログラムの特徴 015
変更するたびに変更が大変になる 016

プログラムの変更が楽になる書き方 017
わかりやすい名前を使う 017
長いメソッドは「段落」に分けて読みやすくする 018
目的ごとに変数を用意する 019
メソッドとして独立させる 021
異なるクラスの重複したコードをなくす 023
狭い関心事に特化したクラスにする 025
メソッドは短く、クラスは小さく 026

小さなクラスでわかりやすく安全に 028
データとロジック 028
基本データ型の落とし穴 029
値の範囲を制限してプログラムをわかりやすく安全にする 030
「値」を扱うための専用のクラスを作る 032
値オブジェクトは「不変」にする 034
「型」を使ってコードをわかりやすく安全にする 036

複雑さを閉じ込める 039
配列やコレクションはコードを複雑にする 039
コレクション型を扱うコードの整理 039
コレクション型を扱うロジックを専用クラスに閉じ込める 040
コレクションオブジェクトを安定させる 042
コレクションオブジェクトは業務の関心事 045

第1章のまとめ 045

CHAPTER 2
場合分けのロジックを整理する 047

プログラムを複雑にする「場合分け」のコード 048
区分や種別がコードを複雑にする 048
判断や処理のロジックをメソッドに独立させる 049
else句をなくすと条件分岐が単純になる 050
複文は単文に分ける 052
区分ごとのロジックを別クラスに分ける 053
区分ごとのクラスを同じ「型」として扱う 054
区分ごとのクラスのインスタンスを生成する 058
Javaの列挙型を使えばもっとかんたん 059
区分ごとの業務ロジックを区分オブジェクトで分析し整理する 061
状態の遷移ルールをわかりやすく記述する 063

第2章のまとめ 066

CHAPTER 3
業務ロジックをわかりやすく整理する 067

データとロジックを別のクラスに分ける
ことがわかりにくさを生む 068
業務アプリケーションのコードの見通しが悪くなる原因 068
データクラスを使うと同じロジックがあちこちに重複する 070
データクラスを使うと業務ロジックの見通しが悪くなる 072
共通機能ライブラリが失敗する理由 073
業務ロジックをわかりやすく整理する基本のアプローチ 074
COLUMN　データクラスが広く使われているのはなぜか 075

データとロジックを一体にして業務ロジックを整理する 077
業務ロジックを重複させないためにはどう設計すればよいか 077
メソッドをロジックの置き場所にする 078
業務ロジックをデータを持つクラスに移動する 079
使う側のクラスに業務ロジックを書き始めたら設計を見直す 080
メソッドを短く書くとロジックの移動がやりやすくなる 081
メソッドは必ずインスタンス変数を使う 081
クラスが肥大化したら小さく分ける 082
パッケージを使ってクラスを整理する 084

三層の関心事と業務ロジックの分離を徹底する 086
業務ロジックを小さなオブジェクトに分けて記述する 086

業務ロジックの全体を俯瞰して整理する　087
三層＋ドメインモデルで関心事をわかりやすく分離する　089

第3章のまとめ　092

CHAPTER4
ドメインモデルの考え方で設計する　093

ドメインモデルの考え方を理解する　094
ドメインモデルで設計すると何がよいのか　094
ドメインモデルの設計は難しいのか　095
利用者の関心事とプログラミング単位を一致させる　095
分析クラスと設計クラスを一致させる　097
業務に使っている用語をクラス名にする　098
データモデルではなくオブジェクトモデル　099
ドメインモデルとデータモデルは何が違うのか　100
なぜドメインモデルだと複雑な業務ロジックを整理しやすいのか　102

ドメインモデルをどうやって作っていくか　104
部分を作りながら全体を組み立てていく　104
全体と部分を行ったり来たりしながら作っていく　106
重要な部分から作っていく　108
独立した部品を組み合わせて機能を実現する　109
ドメインオブジェクトを機能の一部として設計しない　110

ドメインオブジェクトの見つけ方　112
重要な関心事や関係性に注目する　112
業務の関心事を分類してみる　112
コトに注目すると全体の関係を整理しやすい　114
コトは業務ルールの宝庫　116
何でも約束してよいわけではない　117
期待されるコト、期待されていないコト　119
業務ルールの記述　〜手続き型とオブジェクト指向の違い　121

業務の関心事の基本パターンを覚えておく　123
ドメインモデルで開発してもトランザクションスクリプトになりがち　123
業務ルールを記述するドメインオブジェクトの基本パターン　123

ドメインオブジェクトの設計を段階的に改善する　130
組み合わせて確認しながら改良する　130
業務の言葉をコードと一致させると変更が楽になる　133
業務を学びながらドメインモデルを成長させていく　135

業務の理解がドメインモデルを洗練させる 137

業務知識を取捨選択し、重要な関心事に注力して学ぶ 137
業務知識の暗黙知を引き出す 138
言葉をキャッチする 138
重要な言葉を見極めながらそれをドメインモデルに反映していく 139
形式的な資料はかえって危険 140
言葉のあいまいさを具体的にする工夫 143
基本語彙を増やす努力 145
繰り返しながらしだいに知識を広げていく 146
改善を続けながらドメインモデルを成長させる 146

第4章のまとめ 148

CHAPTER 5

アプリケーション機能を組み立てる 149

ドメインオブジェクトを使って機能を実現する 150

アプリケーション層のクラスの役割 150
三層＋ドメインモデルの構造をわかりやすく実装する 151
サービスクラスの設計はごちゃごちゃしやすい 153

サービスクラスを作りながらドメインモデルを改善する 154

初期のドメインモデルは力不足 155
ドメインモデルを育てる 156

画面の多様な要求を小さく分けて整理する 158

プレゼンテーション層に影響される複雑さ 158
小さく分ける 159
小さく分けたサービスを組み立てる 162
利用する側と提供する側の合意を明確にする 165
シナリオクラスの効果 166

データベースの都合から分離する 168

データベースの入出力に引っ張られる問題 168
データベース操作ではなく業務の関心事で考える 169
実際のデータベース操作とリポジトリを組み合わせる 170
サービスクラスの記述をデータベース操作の詳細から解放する 171

第5章のまとめ 171

CHAPTER6
データベースの設計と
ドメインオブジェクト 173

テーブル設計が悪いとプログラムの変更が大変になる 174
データの整理に失敗しているデータベース 174
用途がわかりにくいカラム 175
いろいろな用途に使う巨大なテーブル 175
テーブルの関係がわかりにくい 176

データベース設計をすっきりさせる 177
基本的な工夫を丁寧に実践する 177
NOT NULL制約が導くテーブル設計 179
一意性制約でデータの重複を防ぐ 180
外部キー制約でテーブル間の関係を明確にする 181

コトに注目するデータベース設計 182
業務アプリケーションの中核の関心事は「コト」の管理 182
ヒトやモノとの関係を正確に記録するための3つの工夫 183

参照をわかりやすくする工夫 185
コトの記録に注力したテーブル設計の問題 185
状態の参照 185
UPDATE文は使わない 186
残高更新は同時でなくてもよい 187
残高更新は1ヵ所でなくてもよい 187
派生的な情報を転記して作成する 188
コトの記録から状態を動的に導出する 189

オブジェクトの設計とテーブルの設計 191
オブジェクトとテーブルは似てくる 191
違うものとして明示的にマッピングする 191
オブジェクトはオブジェクトらしく、テーブルはテーブルらしく 192
業務ロジックはオブジェクトで、事実の記録はテーブルで 194

第6章のまとめ 195

CHAPTER 7
画面とドメインオブジェクトの設計を連動させる 197

画面アプリケーションの開発の難しさ 198
画面にはさまざまな利用者の関心事が詰め込まれる 198
画面に引きずられた設計はソフトウェアの変更を大変にする 198
関心事を分けて整理する 200

画面の関心事を小さく分けて独立させる 202
複雑な画面は異なる関心事が混ざっている 202
小さな単位に分けて考える 203
画面も分けてしまう 204
タスクベースのインターフェースが増えている2つの理由 206
タスクベースに分ける設計が今後の主流 207

画面とドメインオブジェクトを連動させる 209
画面もドメインオブジェクトも利用者の関心事のかたまり 209
ドメインオブジェクトと画面の食い違いは設計改善の手がかり 210
ドメインオブジェクトに書くべきロジック 211
HTMLのclass属性をドメインオブジェクトから出力する 215

画面（視覚表現）とソフトウェア（論理構造）を関係づける 217
項目の並び順とドメインオブジェクトのフィールドの並び順 217
画面項目のグルーピング 220
画面のデザインとソフトウェアの設計を連動させながら洗練させていく 222
画面以外の利用者向けの情報もソフトウェアと整合させる 222

第7章のまとめ 224

CHAPTER 8
アプリケーション間の連携 225

アプリケーションとアプリケーションをつなぐ 226
ほかのアプリケーションとの連携がアプリケーションの価値を高める 226
アプリケーションを連携する4つのやり方 227

Web APIのしくみを理解する 231
HTTP通信を使ったアプリケーション間の連携の4つの約束事 231
要求の対象を指定する 232

要求の種類を指定する　233
エラー時の約束事　238

良いWeb APIとは何か　241
使いにくいWeb API　〜大は小を兼ねるのか？　241
アプリケーションを組み立てるための部品を提供する　243

発展性に富んだAPI開発のやり方　245
単純なことをかんたんにできるAPIの提供から始める　245
動かしながら設計を発展させていく　246
APIを利用する側とAPIを提供する側の共同作業の環境を整える　246
中核となるAPIのセットを設計する　250
Web APIのバージョン管理　253
APIを複合したサービスの提供　254

ドメインオブジェクトとWeb API　255
データ形式とドメインオブジェクトを変換する際に起こる不一致　255
導出結果か生データか　257

複雑な連携に取り組む　260
共通部分と個別対応部分を明確にする　260
APIを進化させる　261
小さなアプリケーションに分けて組み合わせる　262
構造が複雑なデータの交換をどうするか　264
非同期メッセージングを使ったアプリケーション間連携　265

第8章のまとめ　268

CHAPTER9
オブジェクト指向の開発プロセス　269

開発の進め方はオブジェクト指向で変わったのか　270
開発の基本はV字モデル　270
短期間で開発し修正と拡張を繰り返すことが重要になった　271
オブジェクト指向の開発はうまくいっているのか　272
どちらのやり方でも変更がやっかいなソフトウェアが生まれやすい　273

ドメインモデルを中心にしたソフトウェア開発の進め方　274
業務ロジックに焦点を当てて開発を進める　274

ソースコードを第一級のドキュメントとして活用する　276
多くのドキュメントは不要になる　276
重要になる活動　277

更新すべきドキュメント　279
全体を俯瞰するドキュメントを作成して共有する　280
技術方式のドキュメントもソースコードで表現する　281
非機能要件はテストコードで表現する　281

分析と設計が一体になった開発のやり方をマネジメントする　283
見積もりと契約　283
進捗の判断　284
品質保証　285
要員と体制　286

第9章のまとめ　287

CHAPTER 10

オブジェクト指向設計の学び方と教え方　289

オブジェクト指向を学ぶハードル　290
オブジェクト指向の説明は意味が不明　290
なぜオブジェクト指向で設計すると良いのかがわからない　291
オブジェクト指向をどうやって学ぶか　292

既存のコードを改善しながらオブジェクト指向設計を学ぶ　293
実際のコードで設計の違いを知る　293
重複したコード　294
長いメソッド　295
巨大なクラス　296
リファクタリングは部分的に少しずつ　297
組み立てやすい部品に改善する　298
設計は少しずつ改良を続ける　300

オブジェクト指向らしい設計を体で覚える　301
古い習慣から抜け出すためのちょっと過激なコーディング規則　301

オブジェクト指向の考え方を理解する　307
『実装パターン』　307
『オブジェクト指向入門』　308
『ドメイン駆動設計』　309

第10章のまとめ　311

参考文献一覧　312

索引　315

CHAPTER 1

小さくまとめて
わかりやすくする

ソースコードを整理整頓して、どこに何が書いてあるか
わかりやすくすることが設計の基本です。
この章では、まず、その基本から押さえていきましょう。

なぜソフトウェアの変更は
大変なのか

■ ソフトウェアの変更に立ち向かう

　ソフトウェアに修正や拡張はつきものです。そして、動いているプログラムの変更は、いつでも、やっかいで危険な作業です。

　どこに何が書いてあるのかを理解するまでにコードをじっくりと調べる必要があります。ちょっとした修正なのに、変更すべき箇所があちこちに散らばっています。修正箇所が多ければ、広い範囲のテストが必要になります。そうやって慎重に修正したはずなのに、思わぬ副作用に苦しむことになります。

　なぜ、このようなことになるのでしょうか。

　それは「設計」に問題があるからです。設計とは、ソフトウェア全体をすっきりした形に整えることです。どこに何が書いてあるかわかりやすくし、修正や拡張が楽で安全になるコードを生み出すのが設計です。

　そういう設計をするために必要なのは、きれいなクラス図や詳細なプログラム仕様書ではありません。クラス図や仕様書も役には立ちます。しかし、設計の最終アウトプットは、何といってもソースコードです。数千行数万行のソースコードを、どういう視点から整理し、どういう方針で組み立てるか。ソースコードを整理整頓して、どこに何が書いてあるかわかりやすくする。それがソフトウェアの設計です。

　設計の善し悪しは、ソフトウェアを変更するときにはっきりします。

　構造が入り組んだわかりづらいプログラムは内容の理解に時間がかかります。重複したコードをあちこちで修正する作業が増え、変更の副作用に悩まされます。

　一方、うまく設計されたプログラムは変更が楽で安全です。変更すべき

箇所がかんたんにわかり、変更するコード量が少なく、変更の影響を狭い範囲に限定できます。

　プログラムの修正に3日かかるか、それとも半日で済むか。その違いを生むのが「設計」なのです。

■ 変更が大変なプログラムの特徴

　設計ドキュメントを整備し、コーディング規約に従っていても、変更が大変なプログラムがたくさんあります。

　ソースコードの見た目がきれいでも、いざ変更しようとすると、意図が読み取りにくく、変更箇所があちこちに散らばり、ちょっとした変更が予想外の副作用を引き起こすプログラムです。

　変更が大変なプログラムの特徴は次の3つです。

- **メソッドが長い**
- **クラスが大きい**
- **引数が多い**

　長いメソッドを理解するのは大変です。特にif-else文が入り組んだメソッドは、正しく理解するのに骨が折れます。また、ちょっとした変更によって深刻なバグが混入しかねません。

　大きなクラスは関心事を詰め込み過ぎです。変更の必要な箇所が、クラスのどの部分に関係し、どの部分が関係しないかを読み取るのに苦労します。

　引数が多いメソッドも関心事を詰め込み過ぎです。変更をするときに、どの引数が関係し、どの引数は関係しないかの見極めに時間がかかります。

　引数が多ければメソッドが長くなり、if文も増えます。長いメソッドが増えれば、クラスは肥大化し扱いにくくなります。

第1章　小さくまとめてわかりやすくする　　015

■ 変更するたびに変更が大変になる

　クラスは最初から大きかったわけではありません。メソッドの数は少な
く、一つひとつのメソッドも短く、単純で読みやすいプログラムだったは
ずです。

　わかりやすかったプログラムに、ちょっとした修正が必要になります。
if 文を 1 つ追加すれば、何とかなりそうなことを発見します。短かったメ
ソッドに if 文と数行のコードを追加します。

　ちょっとした機能の追加が必要になったとします。インスタンス変数を
1 つとメソッドを 1 つ追加すれば、その追加機能を実現できそうです。ク
ラスにインスタンス変数と小さなメソッドを追加します。

　あるメソッドのちょっとしたバリエーションが欲しくなります。既存の
ロジックをそのまま利用できそうです。特別なケースを判断するためのフ
ラグを引数として追加して、if 文で特別な場合のロジックを追加します。

　ソフトウェア開発は、このような「ちょっとした」コードの追加の繰り
返しです。最初は見通しが良かったプログラムが、開発が進むにつれ、コー
ドがじわじわと増え、構造が入り組んできます。

　アプリケーションを無事にリリースできて、利用者が使い始めれば、さ
まざまな改善要望が出てきます。発見された不具合の修正も必要です。そ
のたびにメソッドが数行だけ長くなり、クラスが少し膨らみ、引数がじわ
じわと増えます。その結果、どこに何が書いてあるか、時間とともにわか
りづらくなっていきます。

　変更が大変になるのは、決まって、こういうちょっとしたコードの修正
や機能の拡張を繰り返したプログラムです。最初はすっきりしていた構造
が、わずかなコードの変更を繰り返した結果、構造が入り組み、全体のバ
ランスが崩れていきます。

　変更をするたびに変更が大変になっていく、このソフトウェア変更の負
のスパイラルから抜け出すにはどうすればよいでしょうか。

プログラムの変更が楽になる書き方

わかりやすい名前を使う

名前のわかりやすさは、プログラムの読みやすさ／読みにくさに直結します。名前があいまいだったり、名前と内容が一致していないプログラムは読むのに苦労します。

表 名前の違い

1文字の変数名	省略した変数名	意味のある単語を使った変数名
int a;	int qty;	int quantity;
int b;	int up;	int unitPrice;
return a * b;	return qty * up;	return quantity * unitPrice;

プログラムを動かすだけであれば、変数名が1文字でも、省略形でも、きちんとした単語を使っても、どの書き方でも一緒です。名前を考える労力やタイピングの量を考えれば、1文字の変数名がもっとも楽かもしれません。

しかし、プログラムを変更するために、どこに何が書いてあるかを調べるときにはどうでしょうか。変数名に意味のある単語を使った書き方がもっともわかりやすいはずです。

1文字の名前は、コードを読んでも何を意味しているのかわかりません。どこに何が書いてあるかを理解するまでに、苦労します。

qty や up など省略した名前は、前後の関係から数量と単価であること

第1章 小さくまとめてわかりやすくする　017

を推測できるでしょう。しかし、略語はいろいろな意味に解釈できます。そのため、正しい意味の推測に時間がかかります。また、人によって意味の取り違えも起きそうです。

quantity や unitPrice という変数名は、数量と単価であることが一目瞭然です。読むことに負担はなく意味の取り違えの心配もありません。

a、b のように 1 文字の変数名だったり、qty や up という略語形式の名前は、プログラミングの世界ではよく見かけます。しかし、私たちが日常の会話や文章で使う表現からはかけ離れています。そのプログラムが何をしているのかを理解するには、1 文字や略語形式は障害になります。

プログラムに使う名前も普通の単語を使います。そのアプリケーションが対象とする分野で普通に使われている言葉を、そのままプログラムの変数名やクラス名に使います。そうすることで、どのような業務のために何をしているプログラムなのかわかりやすくなります。どこに何が書いてあるかを調べることが、かんたんで確実になります。

業務で使っている言葉をそのままプログラム要素の名前に使うことで、プログラムの変更が楽で安全になります。

■ 長いメソッドは「段落」に分けて読みやすくする

だらだらと切れ目なく書かれたコードは読みにくく、理解が大変です。そういうプログラムを読みやすくするかんたんな方法が、空白行を使ってコードのまとまりに切れ目を入れることです。

リスト 切れ目がはっきりしないコード

```
int price = quantity * unitPrice;
if( price < 3000 )
    price += 500; // 送料
price = price * taxRate();
```

> **リスト** 空白行を入れて3つの段落に分けたコード

```
int price = quantity * unitPrice;

if( price < 3000 )
    price += 500; // 送料

price = price * taxRate();
```

　4行のコードを、空白行を使って3つの段落に分けました。空白行の入らない前者に比べると、次の3つのステップが見た目にはっきりします。

- ・ベース価格の計算
- ・送料の加算
- ・税額の加算

　プログラムを読みながら、前後の行と意味が異なる場所を見つけたら、積極的に空白行を追加して段落に分けましょう。コードの意味のまとまりごとに段落を分けると、変更の対象範囲が特定しやすくなります。
　たとえば「送料の変更」ならば、変更の対象箇所は2番目の段落だけです。前後の段落は送料変更とは直接は関係しません。

■ 目的ごとに変数を用意する

　段落に分けることで変更の対象箇所を特定しやすくなりました。しかし、このコードは、まだ変更のやりにくさが残っています。
　その理由は、ローカル変数 price を次の3つの用途に使いまわしているからです。

- ・数量×単価の計算結果
- ・その計算結果に送料を加算した結果
- ・さらに、その加算した結果に税率を適用した値

第1章　小さくまとめてわかりやすくする　　019

このように、1つの変数を複数の目的に使いまわすとコードを読む時に混乱します。中間結果も最終結果も、同じ price 変数として扱うと途中で何をやっているか、わかりにくくなります。

　また、ローカル変数 price を使いまわすと変更の影響範囲が広がります。同じローカル変数を使っている範囲に、変更が波及します。本来は関係のない箇所に影響する予想外の副作用の原因になります。

　変更の影響範囲を狭くするために、目的ごとに別々のローカル変数を用意します。

リスト **目的ごとのローカル変数を使う**

```
int basePrice = quantity * unitPrice;

int shippingCost = 0;        // 送料の初期値
if( basePrice < 3000 )       // 3000 円未満
    shippingCost = 500;      // 送料 500 円

int itemPrice = (basePrice + shippingCost) * taxRate();
```

　それぞれの計算のステップごとに専用のローカル変数を用意しました。ローカル変数の名前で、それぞれのステップの計算の目的が明確になりました。

- basePrice　：数量×単価
- shippingCost ：送料
- itemPrice　：税込金額

　price 変数を 3 つの目的に使いまわしたコードは、price 変数を通して、最初の段落と最後の段落が強く結びついています。

　それに対し、目的ごとに専用のローカル変数を用意すれば段落の結びつきが弱くなり、独立性が高まります。目的別の変数を用意する、ちょっとした工夫が変更の影響範囲を局所化します。プログラムの変更が楽で安全

になります。

　目的別に専用のローカル変数を用意し、コードの意図を変数名で説明するこのやり方を**説明用の変数の導入**と呼びます。既存コードの設計を改善する**リファクタリング**の基本テクニックです。

　最初に示した price 変数の例のように、1 つの変数を使いまわして代入を繰り返す書き方を**破壊的代入**と呼びます。破壊的代入は変更の副作用を起こしやすい書き方です。用途ごとに「説明用の変数」を積極的に導入して破壊的な代入をなくします。破壊的な代入がなくなればプログラムを変更したときの副作用が減り、コードが安定します。

■ メソッドとして独立させる

　空白行を使って「段落」に分け、段落ごとに「説明用の変数」を導入すると、一つひとつの段落の独立性が高くなります。この独立性の高くなった段落を「メソッド」として独立させると、さらにコードがわかりやすくなり、変更が楽で安全になります。

　「段落」は見た目の工夫です。人間にとっての読みやすさは向上します。しかし、プログラムの構造は変わっていません。

　段落をメソッドとして独立させると、プログラムの構造が変化します。メソッドが独立した 1 つの部品になります。あるメソッド内での変更の影響を、そのメソッドに閉じ込めやすくなります。

リスト　送料計算をメソッドにする

```
int basePrice = quantity * unitPrice;

int shippingCost = shippingCost(basePrice); // 送料計算メソッド

int itemPrice = (basePrice + shippingCost) * taxRate();

...

// メソッドに独立させた送料計算のロジック
int shippingCost(int basePrice) {
```

```
        if( basePrice < 3000 ) return 500;

        return 0 ;
    }
```

　送料を計算するためのデータとロジックを shippingCost() メソッドに
切り出し、独立させました。送料計算だけに使うデータ（3000 円と 500 円）
とそのデータを使った場合分けの if 文を shippingCost() メソッドの内部
に閉じ込めました。この結果、メインの処理は if 文が消え、単純でわか
りやすいコードになります。

　メソッドとして独立させると、送料計算のルールを変更するときに、修
正箇所を shippingCost() メソッドの内部に限定できます。送料計算のロ
ジックや計算に使う値を変更しても、このメソッドを使う側のコードには
影響しません。

　段落に埋もれていた送料計算のロジックとデータを shippingCost() メ
ソッドに独立させるこのやり方を**メソッドの抽出**と呼びます。変更のやり
にくいプログラムを改善するリファクタリングの基本中の基本のテクニッ
クです。

　メソッドの抽出のメリットは次のとおりです。

・**詳細をメソッドに移動するため、元のコードがシンプルになり読みやすくな
る**
・**メソッドの名前からコードの意図を理解しやすくなる**
・**メソッド内に変更の影響を閉じ込めやすくなる**

　また、関連性が強いデータとロジックをメソッドに抽出すると、ロジッ
クを再利用しやすくなります。

　長いメソッドの中に埋没した送料計算のロジックは、プログラムの別の
場所から利用できません。同じ処理が必要になったときに、送料計算のコー
ドを複製して使うことになります。

　こういうちょっとしたコードの複製が、プログラムの変更を面倒で危険

な作業にします。複製はコードの重複です。プログラムの全体を調べて重複したコードをすべて洗い出し、修正し、変更結果を確認をするのは手間がかかる作業です。修正箇所が多ければ修正ミスも起きがちです。

メソッドの抽出はコードの重複を防ぎます。送料を計算する専用のshippingCost() メソッドは、必要な場所であれば、どこからでも利用できます。複製によるコードの重複が起きません。送料計算に関する変更は、shippingCost() メソッド 1 ヵ所に限定できます。

数行のコードをメソッドに抽出するやり方は、処理の流れが分断され、慣れないとかえって読みにくく感じるかもしれません。

しかしメソッドの抽出をすることによって、重複をなくし変更箇所を 1 ヵ所に限定する効果は絶大です。あちこちに重複したコードの変更はやっかいで危険です。メソッドに切り出して 1 ヵ所に閉じ込めたロジックの変更は、楽で安全です。

■ 異なるクラスの重複したコードをなくす

1 つのクラスの中であれば、メソッドに抽出するだけで、重複したコードをなくせます。しかし、異なるクラスにロジックが重複している場合は少し工夫が必要です。

2 つのクラスのコードの重複を解消する手順は下記のようになります。

- ・手順 1　それぞれのクラスで該当するコード部分（段落）を、メソッドに抽出する
- ・手順 2　2 つのクラスに参照関係がある場合：参照する側で抽出したメソッド呼び出しを、参照先のオブジェクトのメソッドの呼び出しに書き換える
- ・手順 2'　2 つのクラスに参照関係がない場合：共通のメソッドの置き場所として、別のクラスを新たに作成し、元のクラスで抽出したメソッドを移動する
- ・手順 3　元の 2 つのクラスのメソッド呼び出しを、それぞれ新しいクラスの共通メソッドを利用するように書き換える

第1章　小さくまとめてわかりやすくする　023

手順2'の「2つのクラスに参照関係がない場合」を具体例で考えてみましょう。たとえば「注文」クラスと「注文変更」クラスのどちらも送料計算が必要な場合です。

共通のロジックの置き場所として「送料」クラスを作り、送料計算のロジックをそこに移動します。

そして「注文」クラスと「注文変更」クラスのそれぞれが、この「送料」クラスを使うようにします。

リスト **送料クラス**

```
class ShippingCost {
    static final int minimumForFree = 3000;
    static final int cost = 500;

    int basePrice ;

    ShippingCost(int basePrice) {
        this.basePrice = basePrice;
    }

    int amount() {
        if( basePrice < minimumForFree ) return cost;
        return 0 ;
    }
}
```

リスト **送料クラスを使う側のコード**

```
// 送料を算出する
int shippingCost(int basePrice) {
    ShippingCost cost = new ShippingCost(basePrice);
    return cost.amount() ;
}
```

送料クラス（ShippingCostクラス）では、送料計算の対象になる金額（basePrice）ごとにコンストラクタで別々のオブジェクトを作ります。計

算の対象になる値が異なれば、別のオブジェクトに分けるのがオブジェクト指向らしい設計です。対象金額ごとに別のオブジェクトに分けておくと、対象金額が複数あった場合に誤って別の対象金額を使って計算してしまう不具合を防げます。

　送料計算が必要なときは、この送料クラスを再利用します。このように用途を限定した小さなクラスが、ロジックの再利用を促進し、コードの複製や重複を防ぎます。

■ 狭い関心事に特化したクラスにする

　送料クラスは、送料に関連する次の知識を持っています。

・送料が無料になる注文金額（3000円）
・送料（500円）
・注文金額を判断して、適切な送料を計算するロジック

　送料クラスの関心事は送料だけです。送料以外の関心事は登場しません。こういう特定の関心事に特化した小さなクラスが、コードの見通しを良くし、変更をやりやすくします。

　送料計算のロジックが長いメソッドの中に埋没すると、変更の対象箇所の特定に時間がかかります。メソッドが長いとメソッドのほかの箇所に影響が出ないかの確認に時間がかかります。そのメソッドには、送料の計算以外に、割引率や特別価格の計算が書いてあるかもしれません。複数の関心事が混ざっているコードは、気が散る要素が多く、読んで理解するのが大変です。

　送料計算に関するデータと計算式だけを抜き出して、送料クラスに独立させておけば、変更の対象と影響範囲を送料クラスに限定できます。送料クラスに書いてあるのは送料計算だけですから、余計なことを考えずにコードを読んで修正できます。

　将来、送料に関するビジネスルールの変更が発生した時にも、対象箇所と影響範囲をこのクラスに限定できます。

第1章　小さくまとめてわかりやすくする　　025

また、「送料」という業務の言葉が、そのまま「送料」クラスというプログラムの単位と対応しています。ですから、プログラムの全体の中から「送料」に関する記述を見つけるのはかんたんで確実です。

「送料」クラスのように、業務で使われる用語に合わせて、その用語の関心事に対応するクラスを**ドメインオブジェクト**と呼びます。アプリケーションの対象領域（**ドメイン**）の関心事を記述したオブジェクトという意味です。

このように業務の用語と、直接対応するドメインオブジェクトを用意することが、業務アプリケーションの変更を容易にするオブジェクト指向らしい設計のアプローチです。

また、業務を理解するために要求を分析し、そこで発見した業務の関心事の単位を、そのままプログラミング単位としてクラスで表現するのが、オブジェクト指向開発のやり方です。

分析で発見した業務の構造とプログラムの構造が一致していれば、変更が楽で安全になります。修正や拡張が必要になったとき、どこに何が書いてあるかも特定しやすくなります。

■ メソッドは短く、クラスは小さく

プログラムを読みやすくし、変更をやりやすくする、5つのやり方を説明してきました。

- 名前は（略語ではなく）普通の単語を使う
- 数行のコードを意味のある単位として「段落」に分ける
- 「目的別の変数」を使う（1つの変数を使いまわさない）
- 意味のあるコードのまとまり（段落）を「メソッド」として独立させる
- 業務の関心事に対応したクラス（ドメインオブジェクト）を作る

「送料」という関心事に限定してコードを整理した結果、数行の短いメソッドを持つ、10行ほどのクラスになりました。業務の関心事の単位で記述した結果が、短いメソッドや小さなクラスになるなら、積極的にそう

すべきです。

　送料計算はたった2行の計算式です。その2行の計算式が複数のクラスで重複するなら「送料」クラスに抽出します。コードの意図をわかりやすく説明するためなら、1行の計算式でもメソッドに独立させます。

　「短いメソッド」と「小さなクラス」は変更を楽で安全にします。

- メソッド名やクラス名が変更の対象箇所を特定する手がかりになる
- コードの重複がなくなり、修正箇所が1ヵ所になる
- コード変更の影響を、メソッドやクラスに閉じ込めやすい

　変更に苦しむのは、いつでも長いメソッドと大きなクラスです。「メソッドの抽出」と「クラスの抽出」によって、コードを「短いメソッド」と「小さなクラス」に小分けして整理するのが、変更を楽で安全にする設計の基本です。

　そして、メソッド名やクラス名を、業務の関心事、業務で普段使われている言葉と一致させ、どこに何が書いてあるかをわかりやすくします。

小さなクラスで
わかりやすく安全に

　送料クラスのような目的を限定した小さなクラスが業務アプリケーションの基本部品になります。業務アプリケーションが扱うさまざまなデータとロジックをわかりやすく整理する基本が、送料クラスのように特定の目的に特化して、関連するデータとロジックを小さなクラスにまとめることです。

　このような基本部品のクラス設計について、もう少し考えてみましょう。

■ データとロジック

　プログラムの基本は、データを使った演算（判断／加工／計算）です。業務アプリケーションで演算の対象になる基本データ型は次の3つです。

表　業務アプリケーションの基本データ型

データの種類	用途	Java での表現方法
数値	金額、数量	int、BigDecimal など
日付	予定日、注文日、有効期限	LocalDate など
文字	氏名、電話番号、説明	String など

　この3種類の基本データ型を対象に、業務の約束事に従って、「判断」「加工」「計算」を記述するのが業務ロジックです。

表 業務に使うデータと業務ロジックの例

データの種類	業務ロジックの例
金額	合計、小数点以下の「端数計算」、3ケタごとのカンマ編集、千円単位にまるめて表示
有効期限	期限切れの判定、期限までの残日数の計算
電話番号	「市外局番 - 市内局番 - 加入者番号」の形式に加工、「市外局番」から地域を判断

業務アプリケーションは、このような基本データ型とそれを使った判断／加工／計算のロジックを最小単位として、それらを組み合わせたものです。

■ 基本データ型の落とし穴

数量や金額などの数値データは、int や BigDecimal で表現します。しかし、これは業務の意図から考えると、乱暴なやり方です。

- int は、マイナス21億からプラス21億の範囲の整数
- BigDecimal は、実質的に無限の範囲の数（小数点も21億桁まで扱える）

一般的には、数量は正の整数です。多くの場合、最大値は100とか1000くらいまで扱えれば十分です。

金額も最大でも数百億円とか、場合によっては数千円で十分ということもあります。

リスト あやしげな数量や金額の宣言

```
int quantity;
BigDecimal amount;
```

第1章 小さくまとめてわかりやすくする　029

業務アプリケーションとして、この書き方は危険です。

このコードは、数量（quantity）をマイナス 21 億からプラス 21 億まで、金額（amount）を実質的に無限大かつ小数点 21 億桁まで扱うように宣言しています。つまり業務の関心事とはかけ離れた異常な値を扱うことを宣言しています。

文法的には問題ありません。しかし、こういう書き方は、思わぬ障害が混入する原因になります。

■ 値の範囲を制限してプログラムをわかりやすく安全にする

業務アプリケーションで数量を扱うとき、int のすべての範囲（マイナス 21 億からプラス 21 億）が必要になることはありません。「0 より大きく 100 より小さい」など、もっと狭い範囲の値が業務的に正しい値です。その業務的に正しい値を扱うためには Quantity クラスを独自に宣言して、異常な値を扱わないようにします。

リスト 正しい数量を扱うための独自クラス（Quantityクラス）を定義する

```java
class Quantity {

    static final int MIN = 1;
    static final int MAX = 100;

    int value;

    Quantity(int value) {
        if(value < MIN) throw new
            IllegalArgumentException(" 不正 :" + MIN + " 未満 ");
        if(value > MAX) throw new
            IllegalArgumentException(" 不正 :" + MAX + " 超 ");
        this.value = value;
    }

    boolean canAdd(Quantity other){
        int added = addValue(other);
        return added <= MAX;
```

```
        }

        Quantity add(Quantity other) {
            if( ! canAdd(other) ) throw new
                IllegalArgumentException
                ("不正：合計が " + MAX + " 超");
            int added = addValue(other);
            return new Quantity(added);
        }

        private int addValue(Quantity other){
            return this.value + other.value;
        }
    }
```

　このように計算結果も含めて、数量が 1 以上で 100 以下であるように
制限した Quantity クラスを用意することで、数量計算が安全で確実にな
ります。

　文字情報も同じです。

　String 型はすべての文字種を、実質的に無制限の長さで扱えます。しか
し、そういう業務のニーズはありません。

　たとえば固定電話の電話番号を String 型で表現することを考えてみま
しょう。国内の固定電話の電話番号は次のルールがあります。

- **使える文字種は数字だけ**
- **市外局番は "0" で始まる**
- **合計の桁数は 10 桁**
- **形式は、" 市外局番 - 市内局番 - 加入者番号 "**
- **加入者番号は 4 桁固定**
- **先頭の "0" を除いた市外局番は 1 桁から 4 桁**

　この電話番号を扱う変数を、String 型で宣言しただけでは、以下の意味
になります。

第1章　小さくまとめてわかりやすくする　　031

- 文字の種類は数字だけでなく漢字でも記号でも何でもよい
- 長さは無制限
- 形式は自由

　電話番号を String 型で扱うと、実際にこういう不適切なデータが混入する可能性があります。そしてそれが思わぬバグの原因になります。

　文字列でデータを扱う場合、長さ／有効な文字種／正しい形式を、業務のルールや必要に合わせて、きちんと制約するのが業務アプリケーションとしてあるべき姿です。

　そのためには、電話番号は String 型のデータではなく、独自に Telephone 型としてクラス宣言します。電話番号として妥当な長さや文字種のルールを、Telephone クラスに明示的に記述します。

　電話番号を扱う場合は、必ず Telephone 型のオブジェクトとして扱えば、正しいデータであることを保証できます。

　Quantity 型や Telephone 型のように目的に特化した「型」を宣言し、利用することで、ソースコードは見違えるように意図が明確になり、動作も安定します。

　「数量」は単なる int ではありません。「電話番号」は単なる String ではないのです。

■「値」を扱うための専用のクラスを作る

　業務アプリケーションをオブジェクト指向で設計する場合には、業務で扱うデータの種類ごとに専用の「型」（クラスやインターフェース）を用意します。

　専用の型は業務的に不適切な値が混入するバグを防ぎます。業務ルールの変更が必要になったときにも、クラス名やインターフェース名を手がかりに変更の対象箇所を特定しやすくなります。変更の影響範囲もその型のクラス内に閉じ込めやすくなります。さきほどの例では、電話番号が関係するのは Telephone 型を使っている箇所だけです。

　値の種類ごとに専用の型を用意するとコードが安定し、コードの意図が

明確になります。このように、値を扱うための専用クラスを作るやり方を**値オブジェクト（Value Object）**と呼びます。

　業務アプリケーションでよく使う値オブジェクトを表に示します。どの値オブジェクトも、int 型／ String 型／ LocalDate 型など基本データ型のインスタンス変数を 1 つか 2 つ持つだけの小さなクラスです。

表　**業務アプリケーションでよく使う値オブジェクト**

値オブジェクト	内容
数値系の値オブジェクト	
Quantity	数量（と単位）
Unit	単位
Amount	金額
Money	金額と通貨
Currency	通貨
日付系の値オブジェクト	
Days	日数
Hours	時間数
Period	期間（開始日＋終了日）
DueDate	予定日、期日
DateOfRecord	記録日
DateOfOccurrence	発生日
YearAndMonth	年月
文字列系の値オブジェクト	
Telephone	電話番号
Email	電子メールアドレス
Url	ホームページ URL
Line	1 行のテキスト
Description	説明（複数行のテキスト）
Note	メモ（複数行のテキスト＋作成日時と作成者）
Definition	見出し語と説明のペア

第1章　小さくまとめてわかりやすくする　033

表からもわかるように、値オブジェクトは業務の用語そのものです。

・**業務で扱う情報の名前**
・**業務上の判断や計算に使う用語**

　このように、業務の用語をそのままクラス名やメソッド名として使うと、プログラムが業務の説明書になってきます。業務ルールに変更があったときにも、クラス名と業務の用語が一致していれば、プログラム上で変更が必要な箇所を直観的に特定できます。その業務に関係するデータとロジックを特定のクラスに集めて整理しておけば、変更の影響範囲をそのクラスに閉じ込めやすくなります。

　それに対して値オブジェクトを使わない場合はどうでしょうか。コードは int 型や String 型だらけになります。そういうソースコードは、コンピュータに対するデータ操作命令としては有効です。しかし、動かすことはできても、そのコードが業務的に何をやっているのか、プログラムを読んだだけでは理解ができません。こういうコードは業務ルールの追加や変更がやりにくくなります。また、int 型や String 型が扱える値の範囲は、業務で必要な値の範囲とはかけ離れています。そういう値を扱えてしまうプログラムは、思わぬバグを生みがちです。

　業務で扱うデータの種類ごとに値オブジェクトをうまく作って、「業務でやりたいこと」と「プログラムでやっていること」の間の対応を取りやすくします。業務用語をそのままクラスにした値オブジェクトを使えば、業務の関心事とコード表現が一致します。その結果、業務アプリケーションの変更は楽で安全になります。

■ 値オブジェクトは「不変」にする

　変数の値の上書きは危険です。コードが複雑になり思わぬ副作用の原因になります。

リスト 変数の値を書き換える（悪い例）

```
Money price = new Money(3000);

price.setValue(2000);     // × 値を書き換えている
price = new Money(1000); // × 1つの変数に別の値を代入している
```

　ある値を持ったオブジェクトの内部の変数を別の値に書き換えるべきではありません。「別の値」が必要になったら「別のオブジェクト」を作成します。

リスト 値が異なれば別のオブジェクトにする（良い例）

```
Money basePrice = new Money(3000);
Money discounted = basePrice.minus(1000);
     // minus() メソッドは別の Money オブジェクトを作成して返す
Money option = new Money(1000); // 新しく Money オブジェクトを作る
```

　値（内部の状態）を変更できるオブジェクトは、変更と参照のタイミングによって、思わぬ副作用の原因になります。それを防ぐために、別の値が必要になったら別のオブジェクトを作成します。値ごとに別のオブジェクトを用意することで、一つひとつのオブジェクトの用途が限定され、プログラムが安定します。プログラムの途中で内部の値が変化するときに起きがちな副作用を防ぐことができます。

　1つのオブジェクトを使いまわしたほうが便利で効率的に思えるかもしれません。

　しかし、そうではありません。オブジェクトの値が変わることを前提にすると、そのオブジェクトが、ある時点でどのような値を持っているのか、いつも心配することになります。処理の途中で値が変わると、プログラムは不安定になります。変更したときに思わぬ副作用が起きがちです。

　値ごとに別々のオブジェクトを作っておけば、このような心配ごとやトラブルから解放されます。

　値オブジェクトは、扱えるデータの種類や範囲を限定した独自のデータ

第1章 小さくまとめてわかりやすくする　035

型です。そして、値オブジェクトを不変にすることで、それぞれのオブジェクトは1つの値だけを持った、用途を限定したオブジェクトになります。

このようにオブジェクトの用途を狭く限定することが、変更の対象箇所を限定し、プログラムの変更の副作用を防止します。それがオブジェクト指向の良さを活かす設計です。

値オブジェクトを「不変」にするやり方は次のとおりです。

- **インスタンス変数はコンストラクタでオブジェクトの生成時に設定する**
- **インスタンス変数を変更するメソッド（setter メソッド）を作らない**
- **別の値が必要であれば、別のインスタンス（オブジェクト）を作る**

内部のインスタンス変数が変化しない不変な値オブジェクトは、ソフトウェア変更の副作用を減らし、バグを混入しにくくします。

このような設計のやり方を**完全コンストラクタ**と呼びます。オブジェクトの生成時に、オブジェクトの状態を完全に設定してしまうやり方です。

Java では、String ／ BigDecimal ／ LocalDate など基本的なデータ型は、すべて、この「完全コンストラクタ」スタイルの値オブジェクトです。

業務アプリケーションプログラムの部品として、独自の「型」を設計する場合も、できる限り完全コンストラクタで設計します。

■「型」を使ってコードをわかりやすく安全にする

int や String など基本データ型だけで書いたプログラムは、思わぬバグを生みやすくなります。

たとえば、金額計算のメソッドに渡す引数の「金額」と「数量」を、両方とも int で扱うことを考えてみます。

リスト int型の引数を受け取るメソッド

```
int amount(int unitPrice, int quantity) {
    return unitPrice * quantity ;
}
```

単価と数量の違いは変数名で区別していますが、このコードは危険です。引数の順番をまちがえて、unitPrice に「数量」を、quantity に「単価」を渡しても、同じ int 型なのでコンパイラは文句を言わず、プログラムも動作します。

この例であれば、結果が同じなので、おそらく問題は発覚しません。しかし「金額」と「数量」の取り違えは、業務的には致命的な障害です。

たとえば数量割引を導入するために、このメソッドの中に、quantity が一定量より多いかどうか判断するロジックを追加します。

リスト 数量割引

```
int amount(int unitPrice, int quantity) {
    if(quantity >= discountCriteria)
        return discountAmount(unitPrice, quantity)

    return unitPrice * quantity ;
}
```

このプログラムは動きます。しかし、計算結果は意図どおりにならないかもしれません。このコードだと、引数として quantity の場所にまちがえて unitPrice を渡した場合、正しい結果を返しません。こういう同じ int 型のパラメータの渡しまちがいのバグを発見するのは容易ではありません。

こういうことを防ぐために、用途を限定した独自の「型」を積極的に使うようにします。独自の型を使えば、コードの意図をわかりやすく表現できます。

リスト 独自の型を使って意図を明らかにする

```
Money amount(Money unitPrice, Quantity quantity) {
    if(quantity.isDiscountable())
        return discount(unitPrice, quantity)

    return unitPrice.multiply(quantity.value()) ;
}
```

第1章 小さくまとめてわかりやすくする 037

int 型の代わりに Money 型と Quantity 型を使います。そうすることで、コードの意図が具体的になります。引数の渡しまちがえを防ぐ安全なプログラムになります。

もちろん、Money 型や Quantity 型は値オブジェクトです。正しい範囲の値だけを扱い、かつ、不変な値オブジェクトとして安心して使うことができます。

int は、業務の関心事ではありません。プログラミング言語とコンピュータのしくみに関係する関心事です。

それに対し Quantity や Money は、業務の関心事そのものです。妥当な数量とはどのようなもので、数量に対してどのような判断／加工／計算が必要になるかの業務知識を表現した値オブジェクトです。

このように値オブジェクトは業務の関心事を直接的に表現します。わかりやすく役に立つ値オブジェクトを設計する良い方法は、実際の業務で使っている具体的なデータを考えてみることです。数値であれば、上限や下限など妥当な範囲が決まっているものです。日付であれば、日付の前後関係や、一定の適切な期間に収まっていることなどの決めごとがあるはずです。そういう決めごとを理解し、妥当な範囲だけを扱う値オブジェクトを設計します。

このように業務の理解とプログラムの設計を直接的に関連づけることで、プログラムがわかりやすく整理され、変更が楽で安全になるのです。

複雑さを閉じ込める

■ 配列やコレクションはコードを複雑にする

　同じ型のオブジェクトを複数持つ配列やコレクションを扱うコードは複雑になりがちです。

- for 文などループ処理のロジック
- 配列やコレクションの要素の数が変化する（可能性がある）
- 個々の要素の内容が変化する（可能性がある）
- ゼロ件の場合の処理
- 要素の最大数の制限

　こういう配列やコレクションを扱うコードが、プログラムのあちこちに散らばりはじめると、コードが読みにくくなり、変更がやっかいで危険になります。配列やコレクション型を操作するロジックを、専用の小さなクラスにまとめて整理することで、プログラムがわかりやすくなり、変更がやりやすくなります。

■ コレクション型を扱うコードの整理

　List ／ Set ／ Map などのコレクション型は、業務データを扱うための基本的なデータ構造です。コレクション型には、次のような基本操作が用意されています。

- add()

- remove()
- get()
- size()
- contains()
- subList()

　しかし、業務ロジックを表現するにはこれらの基本操作だけでは足りず、for 文や if 文を用いた、もっと複雑な処理が必要です。ループ構造が入れ子になったり、if 文の場合分けが増えてきます。そうなると、内容を正しく理解することが難しくなり、変更がやっかいで危険になります。

　コレクションを操作するコードが、プログラムのあちこちに散らばると、状況はさらに悪化します。たとえば次のような場合です。

- **プログラムのある場所で、コレクションに要素を追加する**
- **別の場所で、同じコレクションの要素を削除する**
- **さらに別の場所で、コレクションの要素のデータ内容を書き換える**

　こういうプログラムで、コレクションの状態を正しく把握することは至難の業です。コレクションを操作するロジックを変更したときに、期待した動作にならなかったり、思わぬ副作用が起きがちです。

　コレクション操作のコードを整理して、変更の影響範囲をコントロールしやすくするには、どうすればよいでしょうか。

■ コレクション型を扱うロジックを専用クラスに閉じ込める

　考え方は値オブジェクトと同じです。データと関連するロジックは、1 つのクラスに集めます。

　int 型の変数を 1 つ持った「数量」の専用クラスを独自に作ったように、コレクション List<Customer> 型の変数を 1 つだけ持った「顧客一覧」の専用クラスを独自に宣言します。

> **リスト** コレクション型のインスタンス変数を1つだけ持つ専用クラス

```
class Customers {
    List<Customer> customers;

    void add(Customer customer) { ... }
    void removeIfExist(Customer customer) { ... }

    int count() { ... }

    Customers importantCustomers() { ... }
}
```

　そして、List<Customer> を操作するロジックは、すべてこの Customers クラスに集めます。顧客の追加や削除、顧客数のカウント、特定条件で絞り込んだ顧客の抽出などのロジックです。そうやって、すべてのロジックをこの Customers クラスに集めておけば、ロジックを変更するときの影響を Customers クラスに閉じ込めやすくなります。

　Customers クラスでは、List<Customer> 以外のインスタンス変数を持たないようにします。Customers クラスの意図を明確にし、コードを簡潔に保つためです。

　このように、コレクション型のデータとロジックを特別扱いにして、コレクションを1つだけ持つ専用クラスを作るやり方を**コレクションオブジェクト**あるいは**ファーストクラスコレクション**と呼びます。

　コレクションを操作するロジックをコレクションオブジェクトに閉じ込めると、コレクションオブジェクトを使う側のコードが単純になります。

　要素数のチェックやループ処理は、すべてコレクションオブジェクトがやってくれます。使う側はコレクションオブジェクトのメソッドを呼ぶだけです。

　値オブジェクトやコレクションオブジェクトのように、あるクラスにデータとロジックを閉じ込めると、そのオブジェクトを使う側のロジックが単純になります。このように、使う側のプログラムの記述がかんたんになるように、使われる側のクラスに便利なメソッドを用意するのがオブ

第1章　小さくまとめてわかりやすくする　041

ジェクト指向設計のコツです。

　メソッドの内部で、一時的に List や Set を生成して操作する数行の処理でも、コレクションオブジェクトを作ります。処理の詳細はコレクションオブジェクトに任せます。そうすることで、元のメソッドの記述がシンプルなります。同じようなコレクション操作の記述の複製がプログラムのあちこちに増殖しなくなります。

■ コレクションオブジェクトを安定させる

　値オブジェクトと同じようにコレクションオブジェクトも、できるだけ「不変」スタイルで設計します。そのほうがプログラムが安定します。

　Customers クラスに getList() など、List<Customer> をそのまま返すメソッドを用意してはいけません。List<Customer> への参照をそのまま外部に渡すと、要素の追加や削除が Customers クラスの外部からできてしまいます。

　これではコレクションの状態が不安定になり、コレクションオブジェクトのメリットを失います。

リスト　コレクションの参照をそのまま渡すメソッド（悪い例）

```
class Customers {
    List<Customer> customers;

    ...

    List<Customer> getList() {
        return customers;
    }
}
```

　コレクションの操作を安定させる方法は、3つあります。

・コレクション操作のロジックをコレクションオブジェクトに移動する

042

- コレクション操作の結果も同じ型のコレクションオブジェクトとして返す
- コレクションを「不変」にして外部に渡す

　コレクションへの参照を返す getList() メソッドが必要だと感じたら、いったん立ち止まって考え直しましょう。

　List<Customer> を受け取る側でやりたいことを調べます。そして受け取る側がやろうとしている、コレクションに対する判断／加工／計算のロジックを Customers クラスに移動できないかを検討します。

　操作対象のデータを持つクラスにロジックを集めることがオブジェクト指向設計の基本です。データを持つクラスにロジックを集めると、使う側のクラスと使われる側のクラスのどちらのコードもわかりやすくなります。

　add や remove のように内部の List<Customer> の要素を変化させる操作では、操作の結果を Customers クラスの別のオブジェクトを作って返すやり方があります。値オブジェクトと同じやり方です。

リスト **コレクション操作の結果を同じ型のコレクションオブジェクトを作って返す（良い例）**

```
class Customers {
    List<Customer> customers;

    ...

    Customers add(Customer customer) {
        List<Customer> result = new ArrayList<>(customers);
        result.add(customer);
        return new Customers(result);
    }
}
```

　現在のコレクション内容と状態が異なるコレクションは、別のオブジェクトになります。つまり、個々のコレクションオブジェクトは、内部のコレクションの状態が変化しない不変スタイルのオブジェクトになります。その結果、コレクションの状態を操作するロジックを使っても副作用が起

きにくくなり、プログラムの動作が安定します。

どうしてもコレクションを渡す必要がある場合も、List<Customer> customers への参照をそのまま渡してはいけません。変更不可のコレクションに変換して渡します。

リスト コレクションへの参照は変更不可にして渡す（良い例）

```
class Customers {
    List<Customer> customers;

    ...

    List<Customer> asList() {
        return Collections.unmodifiableList(customers);
    }
}
```

unmodifiableList() メソッドで作成した List は、要素の追加や削除ができなくなります。しかし、これだけでは十分ではありません。unmodifiable な List でも、個々の要素のオブジェクトの内容は変更できます。コレクションの要素を値オブジェクトにすればこの変更も防げます。

値オブジェクトのコレクションを、unmodifiableList() を使って外部に渡すようにすれば、ソフトウェアの動作が安定し、変更の副作用が起きにくいプログラムになります。

リスト コレクションの要素を変更できてしまうと副作用が起きやすい

```
void modifyCustomer(){
    List<Customer> list = customers.asList();

    // リストの最初の要素を取り出す
    Customer first = list.get(0);

    //Customer が不変オブジェクトでないと、以下の操作ができてしまう
    first.setName(" 別の名前 ");
}
```

044

■ コレクションオブジェクトは業務の関心事

　コレクションを操作するロジックを整理する手段としてコレクションオブジェクトを説明しました。

　コレクションオブジェクトは、たいていの場合、業務の関心事そのものです。

　売れ行きが好調な「商品の一覧」とか、購入回数の多い「顧客の一覧」という業務の関心事を、そのままクラスで表現したものがコレクションオブジェクトです。

　コレクションオブジェクトも値オブジェクトと同じように、「業務の関心事」と、プログラミング単位である「クラス」を1対1に対応させる工夫です。業務の関心事とプログラミング単位が一致していれば、業務ルールが変わったときに、プログラムの変更の対象箇所を特定しやすくなります。また、変更の影響範囲を特定のクラスに閉じ込めやすくなります。

　顧客や商品の一覧は業務の重要な関心事です。一覧を対象にしたさまざまな判断／加工／計算には、さまざまな業務ルールや約束事があります。コレクションオブジェクトは、そういう重要な業務の関心事を表現する手段であり、同時に業務ロジックをわかりやすく整理し、コードの変更を楽で安全にする工夫なのです。

≫≫ 第1章のまとめ

- オブジェクト指向設計は変更を楽で安全にする工夫
- コードの整理の基本は名前と段落
- 短いメソッド、小さなクラスを使ってコードを整理する
- 値オブジェクトでわかりやすく安全にする
- コレクションオブジェクトで、複雑なロジックを集約して整理する
- クラス名やメソッド名と業務の用語が一致するほど、プログラムの意図がわかりやすくなり、変更が楽で安全になる

参考 ※1

『**実装パターン**』「第5章　クラス」の「値オブジェクト」

『**ThoughtWorksアンソロジー**』「第5章　オブジェクト指向エクササイズ」の「ファーストクラスコレクション
を使用すること」

『**ドメイン駆動設計**』「第5章　ソフトウェアで表現されたモデル」の「値オブジェクト（VALUE OBJECTS）」／
「第10章　しなやかな設計」

※１　参考文献につきましては、本書 312 ページの「参考文献一覧」も併せてご確認く
ださい。

CHAPTER 2

場合分けのロジック
を整理する

この章では、第1章で説明した小さく分けて整理するという考え方を
場合分けのロジックに適用する方法を説明します。

プログラムを複雑にする
「場合分け」のコード

■ 区分や種別がコードを複雑にする

　ソフトウェアを複雑にし、変更をやっかいにする原因のひとつが場合分けのロジックです。業務アプリケーションでは次のようなさまざまな区分や分類を扱います。

- ・顧客区分
- ・料金種別
- ・商品分類
- ・地域区分
- ・製品タイプ

　区分や分類は、対象ごとに異なる業務ルールを適用するために使われます。たとえば、特別な顧客だけに割引ルールを適用したり、特定の地域向けの送料を割増にしたりします。

　このような区分ごとのロジックを書き分ける基本手段が if 文や switch 文です。しかし、プログラムのあちこちに同じような if 文／ switch 文が重複すると、区分の追加や区分ごとのルールの変更があったときにプログラムの変更をやりにくくします。

　さらに、複数の区分体系を組み合わせて判断する業務ロジックだと、if 文の分岐がどんどん複雑になります。たとえば「送料」を計算するために、「顧客区分」「製品タイプ」「地域区分」の組み合わせで判断する、などです。

　入り組んだ if 文は、見通しが悪く理解が大変になります。ちょっとした条件分岐の変更が、危険でやっかいな作業になります。

このような複雑になりがちな、区分ごとの業務ルールのコードをすっきりと整理して、変更のやりやすいプログラムにするにはどう設計すればよいでしょうか。

■ 判断や処理のロジックをメソッドに独立させる

区分ごとのコードの整理も、第1章で説明したオブジェクト指向の考え方で設計します。

- コードのかたまりは、メソッドとして抽出して独立させる
- 関連するデータとロジックは、1つのクラスにまとめる

まず、コードのかたまりを、メソッドとして抽出して独立させる方法から見ていきましょう。

リスト 判断や処理のロジックをそのままif文の中に書く（悪い例）

```
if(customerType.equals("child")) {
    fee = baseFee * 0.5 ;
}
```

このように if 文の中に書かれた判断条件や計算式をそれぞれメソッドに抽出すると、次のようになります。

リスト メソッドに抽出する（良い例）

```
if(isChild()) {
    fee = childFee();
}

// 判断ロジックの詳細
private Boolean isChild() {
    return customerType.equals("child");
}
```

第2章 場合分けのロジックを整理する　049

```
// 計算ロジックの詳細
private int childFee() {
    return baseFee * 0.5 ;
}
```

　子供を判断する式を isChild() メソッドで定義します。子供料金の計算
を childFee() メソッドで定義します。そうすると、もともとの if 文は、
メソッドを呼び出すだけのシンプルな表現になります。メソッド名を読む
だけで何をやろうとしているか明確です。「子供だったら子供料金にする」
という意図がそのままプログラムのコードで表現できています。

　このように判断ロジックと分岐後のロジックを、それぞれメソッドに抽
出すると、コードが整理され、変更が楽で安全になります。

　子供の判定ルールを変えるには、isChild() メソッドの実装を変えます。
料金の計算ルールを変えるには、childFee() メソッドの実装を変えます。
if 文の中にごちゃごちゃと書かれた計算式を変更するよりも、メソッドに
抽出した式を変更するほうがかんたんで安全です。変更すべき箇所とその
影響範囲を特定のメソッドに閉じ込めることができます。

■ else句をなくすと条件分岐が単純になる

　場合分けのコードを整理するもうひとつのやり方は、else 句を書かな
いことです。else 句は、プログラムの構造を複雑にします。else 句をで
きるだけ書かないほうがプログラムが単純になります。

　具体例で考えてみましょう。「子供」「大人」「シニア」で別料金にする
ロジックを、else 句を使って書いた例です。

リスト else句を使った書き方（悪い例）

```
Yen fee(){
    Yen result;
    if(isChild()){
        result = childFee();
```

```
    } else if(isSenior()){
        result = seniorFee();
    } else {
        result = adultFee();
    }
    return result;
}
```

このコードはローカル変数 result の計算方法を else 句で書き分けています。しかし、実際にはローカル変数 result は必要ありません。条件が合致すれば金額が確定します。ローカル変数を使わずに、条件文の中からただちに金額を返す書き方ができます。

リスト **ローカル変数を使わずに判定後、ただちに結果を返す**

```
Yen fee(){

    if(isChild()){
        return childFee();
    } else if(isSenior()){
        return seniorFee();
    } else {
        return adultFee();
    }
}
```

ローカル変数がなくなったことで、コードがシンプルでわかりやすくなりました。これが**早期リターン**という書き方です。
早期リターンを使うと else 句を書く必要はありません。

リスト **else句をなくした書き方（良い例）**

```
Yen fee(){

    if(isChild()) return childFee();
    if(isSenior()) return seniorFee();
```

第2章 場合分けのロジックを整理する　051

```
        return adultFee();
    }
```

else 句がなくなり、すっきりしたコードになりました。最初の else 句を使ったコードと比較してみてください。

else 句を使わずに早期リターンするこの書き方を**ガード節**と呼びます。マーティン・ファウラーの『リファクタリング』で「条件記述の単純化」（第9章）として紹介されている設計の改善方法です。

コードの中に else 句を見つけたら、早期リターンやガード節に書き換えることを検討してみましょう。場合分けのコードをすっきりさせ、変更時にバグが紛れ込む可能性が確実に減ります。

早期リターンやガード節を検討しやすくするために、あらかじめ、条件判断の式や条件文の中の式をそれぞれメソッドに抽出しておきます。処理の詳細をメソッドに隠すことで、条件分岐の構造だけに集中して考えることができます。

■ 複文は単文に分ける

else 句を使った最初の書き方は、if 文の else 句の中に if 文を書いています。つまり、if 文が入れ子になった複文構造です。

文の中に文を書く「複文」は、日本語の文章であれ、プログラミング言語の記述であれ、意図をわかりにくくします。そこで、複文を分解して、単文を並べるシンプルな構造に変えます。

さきほどの例で、else 句をなくした書き方がすっきりしているのは、複文を単文の並びに変えたからです。else 句をなくして単文の並びに変えると、区分ごとのロジックの独立性が高くなります。複文は文と文が密に結合しています。単文を並べる方式は、文と文の結合度（影響度合い）が下がります。結合度が小さければ、変更がやりやすくなります。

たとえば「幼児」区分を追加してみましょう。単文を並べた方式であれば、もう 1 つ単文を追加するだけです。

リスト 「幼児」区分を追加

```
Yen fee(){

    if(isBaby()) return babyFee();
    if(isChild()) return childFee();
    if(isSenior()) return seniorFee();

    return adultFee();
}
```

また、この3つのif文は順番を入れ替えてもうまく動作します。if文どうしの関係が「疎結合」だからです。

このように、else句を使わずに独立性の高い単文を並べる書き方は、if-then-else構文で書いた場合分けに比べ、プログラムをわかりやすくし、変更を楽で安全にします。

区分ごとのロジックを別クラスに分ける

区分ごとのロジックを独立させるやり方をさらに進めてみましょう。

顧客の区分ごとの料金計算をメソッドとして独立させました。もっと独立性を高めるために、メソッドではなく区分ごとに別のクラスに分けるやり方があります。顧客区分ごとに「大人」クラス、「子供」クラス、「シニア」クラスを作り、区分ごとの名称と料金計算のロジックを、それぞれのクラスに分けて記述します。

リスト 区分ごとのロジックを別のクラスに分けて記述する

```
class AdultFee {
    Yen fee() {
        return new Yen(100);
    }

    String label() {
        return " 大人 ";
```

第2章 場合分けのロジックを整理する　053

```
        }
    }

    class ChildFee {
        Yen fee() {
            return new Yen(50);
        }

        String label() {
            return " 子供 ";
        }
    }

    class SeniorFee {
        Yen fee() {
            return new Yen(80);
        }

        String label() {
            return " シニア ";
        }
    }
```

　この例では、区分ごとにクラスを作り、それぞれのクラスに、区分ごと
の料金計算方法と、日本語の名称を記述しています。区分ごとのクラスは、
料金以外にも、さまざまな区分ごとのロジックの置き場所になります。
　このように、区分に関するさまざまなロジックを区分ごとのクラスに分
けて記述すれば、区分ごとのロジックが整理され、どこに何が書かれてい
るか明確になります。

■ 区分ごとのクラスを同じ「型」として扱う

　区分ごとにクラスを分けると、ロジックの整理はしやすくなります。し
かし、問題があります。クラスを使う側は、AdultFee 型と ChildFee 型を
いつも意識して使い分けなければいけません。プログラムのあちこちに、
AdultFee 型と ChildFee 型を使い分けるための if 文を書いてしまうと、区

054

分ごとにクラスを分けてコードを整理したメリットが失われます。

この問題を解決するのが、AdultFee型とChildFee型を同じ型として扱うしくみです。Javaではインターフェース宣言を使えば、異なるクラスを同じ型として扱うことができます。

図2-1 インターフェースを使って異なるクラスを同じ型として扱う

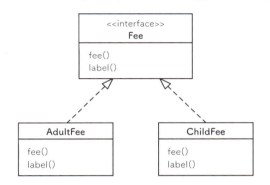

インターフェースの使い方はかんたんです。料金区分ごとのクラスを同じ型で扱うためにFeeインターフェースを宣言します。区分ごとのクラスは、自分がFee型の一員であることを宣言します。

リスト AdultFeeクラスとChildFeeクラスをFee型として宣言する

```java
interface Fee {
    Yen yen();
    String label();
}

class AdultFee implements Fee {
    Yen yen() {
        return new Yen(100);
    }

    String label() {
        return " 大人 ";
    }
```

```
    }

    class ChildFee implements Fee {
        Yen yen() {
            return new Yen(50);
        }

        String label() {
            return "子供";
        }
    }
```

Fee 型を使うと、料金を計算する側のコードはこうなります。

リスト **Fee型を使う側のコード**

```
    class Charge {
        Fee fee;

        Charge(Fee fee) {
            this.fee = fee;
            // fee は AdultFee 型または ChildFee 型どちらでもよい
        }

        Yen yen() {
            return fee.yen();
        }
    }
```

　Charge クラスのオブジェクトを生成する時に、コンストラクタに Fee 型のどのクラスのオブジェクトを渡すかによって、Charge クラスの振る舞いが変わります。コンストラクタに渡すオブジェクトが AdultFee 型であれば大人料金を計算します。ChildFee 型であれば子供料金の計算をします。Charge クラスは、AdultFee 型と ChildFee 型の違いを意識しません。どちらの型のオブジェクトも Fee 型のオブジェクトとして扱います。
　インターフェースを使って異なるクラスを同じ型として扱う例を、もう

1つ考えてみましょう。子供連れの団体の合計料金の計算です。

リスト 子供連れの団体の料金の合計

```
class Reservation {
    List<Fee> fees; // 大人と子供の内訳は不明

    Reservation(List<Fee> fees) {
        this.fees = fees;
    }

    Reservation(addFee(Fee fee) { // 大人と子供を意識しない
        List<Fee> result = new ArrayList<>(fees);
        return new Reservation(result.add(fee));
    }

    Yen feeTotal() {
        Yen total = new Yen(0); // 合計ゼロ円
        for( Fee each : fees ) {
            total = total.add( each.yen() );
        }
        return total;
    }
}
```

大人料金と子供料金の場合分けの if 文は登場しません。Reservation クラスは、大人と子供を意識しないで Fee 型のオブジェクトの料金を合計しているだけです。

このようにインターフェース宣言（Fee）と、区分ごとの専用クラス（AdultFee／ChildFee）を組み合わせて、区分ごとに異なるクラスのオブジェクトを「同じ型」として扱うしくみを**多態**と呼びます。

多態を使うと区分ごとに異なる判断／加工／計算のロジックをすっきりと整理できます。区分ごとのロジックを別のクラスに分けて記述すれば、どのクラスに何が書いてあるか特定しやすく、変更が楽で安全になります。

たとえば料金区分に「シニア」を追加する場合も、SeniorFee クラスを作成して Fee 型として宣言するだけです。シニア区分を追加しても、料金を合計する Reservation クラスは何も変更する必要がありません。

第2章 場合分けのロジックを整理する　057

Reservation クラスは、そもそもどのような料金区分が存在するのか知りません。知っているのは yen() メソッドで料金を返す Fee 型のオブジェクトだけです。

　使う側のクラスが、実際にどのような区分があるのか「知らない」ことが重要です。クラスとクラスの関係は、知っていることが多いほど密結合になります。「知らない」ことが多いほど、クラス間の結びつきが弱くなります。結合が弱いほど、独立性が高くなり、あるクラスの変更がほかのクラスに影響することが減ります。

　多態は、区分ごとのロジックをクラス単位に分離してコードを読みやすくするオブジェクト指向らしいしくみです。区分を追加や削除をしても、あちこちのコードを修正する必要はありません。区分ごとの判断ロジックや計算式の変更の影響は、特定の区分クラスに閉じ込めることができます。

　if 文／ switch 文を駆使して場合分けを記述する手続き型のプログラムは、変更がやっかいで危険です。それに比べ、多態を使ったオブジェクト指向らしい区分の書き分け方は、変更を楽で安全にします。

■ 区分ごとのクラスのインスタンスを生成する

　多態は、利用する側のコードをシンプルにします。しかし、区分ごとのクラスのインスタンスを生成するときには、if 文で場合分けが必要になりそうです。しかし、ちょっとした工夫でこの if 文は不要になります。

　たとえば Map を使うやり方です。

> **リスト** **if文を使わずに区分ごとのオブジェクトを生成するやり方の例**

```
class FeeFactory {
    static Map<String,Fee> types;

    static
    {
        types = new HashMap<String, Fee>();
        types.put( "adult", new AdultFee());
        types.put( "child", new ChildFee() );
    }
```

058

```
        static Fee feeByName(String name)
        {
            return types.get(name);
        }
    }
```

　この例では、料金区分の名前をキーとして、区分ごとのオブジェクトを Map の値として保持しています。次のように、料金区分名を指定すれば、該当する料金区分のオブジェクトを取得できます。

```
    FeeFactory.feeByName("adult")
```

　たとえば、画面のドロップダウンリストで選択された区分名から対応する区分オブジェクトを feeByName() メソッドで取得できます。どの区分が選択されたかを if 文で判断する必要はありません。

■ Javaの列挙型を使えばもっとかんたん

　多態は区分ごとのロジックを整理する便利なしくみです。しかし、多態には区分の一覧がわかりくいという問題があります。同じインターフェースを実装した区分ごとのクラスが同じ型のグループであることは class 宣言を読めば確認できますが、どういう区分体系であるか、一覧性に欠けます。そのためコードの見通しが悪くなり、変更がやりにくくなります。
　Java では区分ごとのクラス一覧を明示的に記述できます。それが**列挙型（enum）**です。列挙型のかんたんな使い方を見てみましょう。

リスト **列挙型の使い方**

```
    // 料金区分の定義

enum FeeType {
    adult,
```

第2章　場合分けのロジックを整理する　059

```
        child,
        senior
    }

    // 区分を使う側のクラス

    class Guest {
        FeeType type ;

        boolean isAdult() {
            return type.equals(FeeType.adult);
        }
    }
```

　このように、区分定数の一覧を宣言する列挙型は、Java以外の言語で
も用意されています。しかし、Javaの列挙型は単純な区分定数ではあり
ません。Javaでは列挙型もクラスです。区分ごとの値をインスタンス変
数として保持したり、区分ごとのロジックをメソッドとして記述できたり
します。
　たとえば、料金区分を、列挙型と多態を組み合わせて次のように書くこ
とができます。

リスト 料金区分ごとのロジックをenumを使って表現する

```
enum FeeType {
    adult( new AdultFee() ),
    child( new ChildFee() ),
    senior( new SeniorFee() );

    private  Fee fee;
    // Fee インターフェースを実装したどれかのクラスのオブジェクト

    private FeeType(Fee fee) {
        this.fee = fee; // 料金区分ごとのオブジェクトを設定する
    }

    Yen yen() {
        return fee.yen();
```

```
    }

    String label() {
        return fee.label();
    }
}
```

　このように料金区分に関するロジックを整理しておけば、区分名を指定して、区分ごとの料金を計算できます。

リスト **料金区分名から料金を計算するメソッドの例**

```
Yen feeFor(String feeTypeName) {
    FeeType feeType = FeeType.valueOf(feeTypeName);
                                    // たとえば、"adult"
    return feeType.yen();
}
```

　Enum クラスの valueOf() メソッドは、if 文を使わずにタイプ名から区分ごとのオブジェクトを取得できる便利でわかりやすい方法です。

　列挙型を使って、区分ごとのロジックをわかりやすく整理するこの方法を**区分オブジェクト**と呼びます。区分定数を単なる定数ではなく、振る舞いを持ったオブジェクトとして表現します。「振る舞いを持つ」というのは、メソッドを指定して判断／加工／計算を依頼できるという意味です。

　この振る舞いを持った区分オブジェクトをうまく使うことで、区分ごとの if 文／ switch 文でごちゃごちゃしがちなコードをすっきりと見通しよく整理できます。そして、区分ごとのロジックをそれぞれ別のクラスに独立させて整理することで、区分の追加や、区分ごとのロジックの変更が楽で安全になります。

■ 区分ごとの業務ロジックを区分オブジェクトで分析し整理する

　業務アプリケーションには顧客区分や商品分類など、さまざまな区分／

分類／種別が登場します。そして、それらの区分ごとの業務ルールや、区分を組み合わせた判断ロジックが、業務アプリケーションを複雑にします。

入り組みがちな区分ごとの業務ロジックを、区分ごとに別のクラスに独立させた区分オブジェクトは、オブジェクト指向らしいコードの整理のやり方です。区分ごとのロジックをどこに書くべきかわかりやすくなります。クラスに分けることで、特定の場合のルールや計算方法を変更しても、影響範囲をそのクラスに閉じ込めることができます。

インターフェース宣言を使って、区分ごとのクラスを同じ型として扱えば、使う側のクラスは、区分ごとのクラスの変更の影響を受けにくくなります。たとえば、「大人料金」クラスも「子供料金」クラスも料金型として同一視できます。同じ型として扱うのでコードに区分ごとの if 文／switch 文は登場しません。区分の追加や削除があった場合でも、使う側には何も影響しません。

さらに列挙型を使って、業務で扱う区分の一覧を宣言することは、業務ロジックの見通しを良くし、わかりやすく整理する手段です。

業務要件として区分を発見したら、enum で区分名を列挙してみます。そして、区分ごとの名称や値を、それぞれの列挙要素のコンストラクタとして指定します。区分ごとに判断／加工／計算のロジックが違う場合は、区分ごとのクラスを作成します。

区分オブジェクトの設計と実装は、区分に関わる業務ロジックを把握し、整理していく活動そのものです。業務ロジックの複雑さは、ほとんどの場合、区分や区分の組み合わせに関連します。その複雑さを分析／整理する手段が区分オブジェクトです。

第 1 章で説明した「値オブジェクト」や「コレクションオブジェクト」と同じように、「区分オブジェクト」も業務の関心事と直接的に対応します。オブジェクト指向では、業務の関心事や業務ロジックを分析し整理する活動と、クラスを設計する活動は基本的に同じものなのです。

■ 状態の遷移ルールをわかりやすく記述する

業務アプリケーションでは、状態の遷移を管理することも重要な関心事のひとつです。たとえば図2-2のような申請／承認／実施に伴う6つの状態の遷移を考えてみます。

図2-2 状態遷移の例

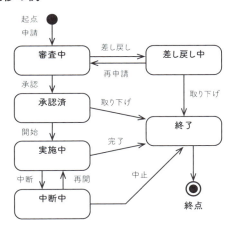

ある状態が遷移できる次の状態には制限があります。たとえば審査中から承認済には遷移できますが、審査中から実施中に遷移することはできません。列挙型を使うと、このような状態遷移に関わる制約を、if文／switch文を使わずに表現できます。

まず、すべての状態を列挙型で宣言します。

リスト 状態を列挙する

```
enum State {
    審査中,
    承認済,
    実施中,
```

```
        終了 ,
        差し戻し中 ,
        中断中
    }
```

Java の列挙型は区分を集合として扱うことができます。状態の一覧を配列として取得したり、コレクション型として状態の集合を操作できます。

リスト 状態の一覧や部分集合の扱い方

```
State[] states = State.values(); // 状態の一覧
Set nextStates = EnumSet.of( 承認済 , 差し戻し中 );
                              // 状態のグルーピング
```

Enum の values() メソッドで状態の一覧が取得できます。また、EnumSet クラスの of() メソッドを使うと、指定した複数の状態を含む Set クラスのオブジェクトを生成できます。

この EnumSet#of() と、Map を組み合わせて使うことで、ある状態から遷移可能な状態を宣言的に記述できます。

まず、可能な状態遷移の組み合わせを確認してみましょう。

表 状態遷移

from/to	審査中	承認済	差し戻し中	実施中	中断中	終了
審査中	—	承認	差し戻し	—	—	—
承認済	—	—	—	開始	—	取り下げ
差し戻し中	再申請	—	—	—	—	取り下げ
実施中	—	—	—	—	中断	完了
中断中	—	—	—	再開	—	中止
終了	—	—	—	—	—	—

この状態遷移表を列挙型とコレクションを使ってコードで表現するやり方は次のとおりです。

- ある状態から遷移可能な状態（複数）を Set で宣言する
- 遷移元の状態を「キー」に、遷移可能な状態の Set を値（バリュー）にした Map を宣言する

コードで見てみましょう。

リスト **ある状態から遷移できるかを判定する**

```java
class StateTransitions {
    Map<State, Set<State>> allowed;

    {
        allowed = new HashMap<>();

        allowed.put( 審査中 , EnumSet.of( 承認済 , 差し戻し中 ));
        allowed.put( 差し戻し中 , EnumSet.of( 審査中 , 終了 ));
        allowed.put( 承認済 , EnumSet.of( 実施中 , 終了 ));
        allowed.put( 実施中 , EnumSet.of( 中断中 , 終了 ));
        allowed.put( 中断中 , EnumSet.of( 実施中 , 終了 ));
    }

    boolean canTransit(State from, State to) {
        Set<State> allowedStates = allowed.get(from);
        return allowedStates.contains(to);
    }
}
```

allowed 変数は Map 形式です。ある状態から遷移可能な状態の Set を宣言します。canTransit() メソッドで、from 状態から to 状態へ遷移可能かどうか判定しています。判定に if 文／ switch 文は不要です。こうすることで、状態の種類が増えたり、状態遷移の制約のルールを変更しても、副作用の心配がなくなります。

第2章 場合分けのロジックを整理する　　065

このやり方はいろいろ応用がききます。図2-2の矢印は、ある状態から別の状態に遷移する「イベント」を表しています。状態の列挙型と、イベントの列挙型を組み合わせることで、次のようなルールを宣言的に記述できます。

- **あるイベントがその状態で起きてよいイベントか起きてはいけないイベントかの判定**
- **ある状態で発生してもよいイベントの一覧の提示**

　Javaの列挙型は振る舞いを持てます。状態やイベントごとの判断／加工／計算のロジックを、それぞれの状態区分やイベント区分に持たせることができます。静的な制約ルールだけではなく、状態に関わる動的なビジネスルールも、列挙型を活用することで、見通しよく整理でき、変更も楽に安全にできるのです。

　このような状態遷移に関わる業務ロジックを分析して整理することは、業務アプリケーションの中心課題のひとつです。そして、オブジェクト指向の開発では、状態遷移図のような視覚的な表現を使った分析活動と、列挙型という実装のしくみを直接的に関連づけて、分析と設計を進めます。

　業務の理解とコードの実装が一致しているほど、プログラムはわかりやすくなり、業務要件の変更や機能の追加への対応が楽で安全になります。

››› 第2章のまとめ

- 区分ごとのロジックはプログラムを複雑にするやっかいな存在
- 早期リターンやガード節を使うと区分ごとのロジックをわかりやすく整理できる
- 区分ごとに別のクラスに分けると独立性を高めることができる
- 多態を使うと、区分ごとのロジックを if 文／ switch 文を使わずに記述できる
- Java の列挙型（enum）は多態をシンプルに記述するしくみ
- 列挙型を活用すると、区分ごとの業務ロジックをわかりやすく整理して記述できる

CHAPTER 3

業務ロジックを
わかりやすく整理する

ここまで、ソフトウェアを組み立てるための部品レベルの設計のやり方を説明しました。
この章では、それらの部品を使ったアプリケーション全体の組み立て方を説明します。

データとロジックを別のクラスに分けることがわかりにくさを生む

業務アプリケーションのコードの見通しが悪くなる原因

　従来の手続き型の設計では、アプリケーションのクラス構成を、データを格納するデータクラスと、ロジックを記述する機能クラス（ロジッククラス）に分けることが基本になります。

図3-1 データクラスと機能クラスに分ける手続型の設計

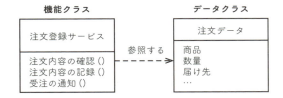

　データクラスは、表のようにさまざまな名前で呼ばれますが「データを格納するためのクラス」という点で同じものです。

表 データクラスのいろいろな呼び方

名前	説明
Data Transfer Object（DTO）	サブシステム間でデータをやりとりするための設計パターン
Entity クラス	データベースとデータをやりとりするためのデータの入れ物クラス

Form クラス	画面とデータをやりとりするためのデータの入れ物クラス
JavaBeans	開発ツールやフレームワークを意図して制定された共通のデータアクセス仕様に準拠したクラス

　データクラスは、getQuantity() ／ setQuantity() など、いわゆる getter ／ setter と呼ばれるメソッド群だけを持ちます。データを使った判断／加工／計算のロジックは、機能クラス（ロジッククラス）に記述します。

　業務アプリケーションでは、業務ロジックを整理するために、画面インターフェース／業務ロジック／データベース入出力の 3 つの関心事を分離するための**三層アーキテクチャ**が一般的です。

表 三層アーキテクチャ

名前	説明
プレゼンテーション層	画面や外部接続インターフェース
アプリケーション層	業務ロジック、業務ルール
データソース層	データベース入出力

　しかし、三層アーキテクチャを採用しても、データクラスと機能クラスを分ける手続き型の設計のままでは、アプリケーションの修正や拡張が必要になったときに以下の状況になりがちです。

- **変更の対象箇所を特定するために、プログラムの広い範囲を調べる**
- **1 つの変更要求に対して、プログラムのあちこちの修正が必要**
- **変更の副作用が起きていないことを確認するための大量のテスト**

　こうなってしまうのは、データクラスと機能クラスを分ける手続き型の設計では、業務ロジックが入り組んでくると、次の問題が顕著になるからです。

第3章　業務ロジックをわかりやすく整理する　069

- 同じ業務ロジックがあちこちに重複して書かれる
- どこに業務ロジックが書いてあるか見通しが悪くなる

それぞれの問題について、もう少し具体的に考えてみましょう。

データクラスを使うと同じロジックがあちこちに重複する

　データクラスを使う設計では、ロジックは機能クラスに書きます。このやり方だと、データクラスを参照できる場所であれば、どこにでもロジックが書けます。

　データクラスを使った業務アプリケーションの構造は図3-2のようになります。

図3-2 データクラスを使って三層間でデータを受け渡す

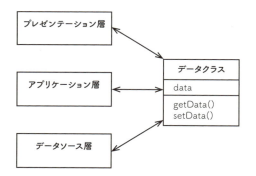

　プレゼンテーション層／アプリケーション層／データソース層は、同じデータクラスを参照できます。その結果、そのデータクラスのデータを使うロジックは、どの層のクラスにも書けてしまいます。また、同じロジックが異なるクラスに重複して記述されがちです。

　三層のどこにでもロジックが書け、しかもあちこちに業務ロジックが重複すると、変更が大変になります。変更の対象箇所を特定するために広い範囲のソースコードを調べる必要があります。必要な箇所をすべて修正し、

変更の副作用がないことを確認するために広い範囲をテストしなければいけません。

そもそもデータクラスと機能クラスに分ける設計は、「クラス」本来の使い方ではありません。むしろJavaが言語のしくみとしてクラスを採用した意図とは正反対の使い方です。

Javaは「*クラスに基づいた、オブジェクト指向の汎用のプログラミング言語*」[1] として開発されました。

クラスはデータとロジックを1つのプログラミング単位にまとめるしくみです。データをインスタンス変数として持ち、そのインスタンス変数を使った判断／加工／計算のロジックをメソッドに書くのが、クラスの本来の使い方です。

しかし、データクラスは判断／加工／計算のロジックを持ちません。データとロジックを一体にするクラス設計の原則からはずれています。

リスト **ロジックを持たないデータクラスの例（悪い例）**

```java
class DataWithoutLogic {
    String value;

    String getValue() {
        return value;
    }

    void setValue(String value) {
        this.value = value;
    }
}
```

このデータクラスは、Javaの文法的には何もまちがっていません。しかし、オブジェクト指向のクラスの使い方としては、まちがっています。

このクラスはデータを格納しているだけです。データを使った判断／加

---

[1] 「Java言語規定 第2版　1. はしがき」、<http://www.y-adagio.com/public/standards/tr_javalang2/intro.doc.html#22191> より。

第3章　業務ロジックをわかりやすく整理する　071

エ／計算のロジックを持っていません。このようなロジックを持たないクラスは、本来のクラスではありません。

ロジックを持たないデータクラスを使ってデータの受け渡しをするとコードの重複が起きます。データクラスを参照できる場所であれば、どのクラスにでも、ロジックを書けてしまうからです。

■ データクラスを使うと業務ロジックの見通しが悪くなる

三層アーキテクチャでは、業務ロジックをアプリケーション層に記述するのが基本です。しかし、データクラスを使ってしまうと、アプリケーション層に業務ロジックを集めても、どこに何が書いてあるかの見通しが悪くなりがちです。その原因には2つのパターンがあります。

- アプリケーション層の構造が画面の構造に引きずられる
- アプリケーション層の構造がデータベースの都合に影響される

●画面の構造に引きずられる

アプリケーション層の機能クラスと画面が密に結合した失敗パターンです。たとえば、「注文画面」の入力内容を「注文データクラス」に格納し、アプリケーション層の「注文登録クラス」で処理をする、という設計です。

画面と機能クラスを1対1で関連づけると、複数の機能クラスに同じ業務ロジックが重複しやすくなります。たとえば、注文登録機能と注文変更機能に、同じ金額計算ロジックが重複します。

画面単位に機能クラスを作ってしまうと、業務ルールの変更が必要なときに、どの機能クラスが変更の対象になるかを特定するのが大変になります。また、変更が適切に行われていることを確認するには、広い範囲のテストが必要です。

●データベースの都合に影響される

機能クラスをテーブルのCRUD（Create：生成、Read：読み取り、Update：更新、Delete：削除）操作単位に設計してしまう失敗パターン

です。この場合も、どの機能クラスにどのような業務ロジックが書かれているかの見通しは悪くなります。

たとえば、注文テーブルのCRUD操作と、出荷テーブルのCRUD操作を、それぞれ別の機能クラスとして実装する設計です。

このとき、注文の合計金額は、注文レコードの登録時に計算しているかもしれません。あるいは、出荷時の伝票に合計金額を印刷するために、出荷レコードの作成時に計算しているかもしれません。もしかすると、合計金額という導出項目を計算する責任は、プレゼンテーション層のクラスが担当しているかもしれません。

合計金額を計算する導出ロジックは重要な業務ロジックです。しかし、テーブル単位にアプリケーション層の機能クラスを設計すると、導出ロジックをどこに置くべきかが明確ではありません。その結果、合計金額を計算したり、合計の結果を基に判断をするような業務ロジックが、どこに書かれているか、わかりにくくなってしまうのです。

■ 共通機能ライブラリが失敗する理由

データクラスと機能クラスに分ける設計でも、コードの重複を防ぐ工夫はあります。共通で使いたいロジックを集めて、共通ライブラリクラスとして用意する方法です。いわゆるUtilクラスとかCommonクラスです。

しかし、この共通ライブラリ方式では、業務ロジックの共通化をそれほど実現できません。コードの重複を防げないのです。

うまくいかないパターンは2つあります。

●汎用的な共通関数

ひとつは、汎用化のために使いにくくなるパターンです。

共通化できそうなロジックも、ニーズが微妙に異なることがよくあります。そのため、共通関数を作るときに、汎用的に使えるように、関数の引数にフラグやオプション引数を増やして対応します。引数が増えれば増えるほど、そのメソッドを使う側は、自分には関係のない引数まで理解することが必要となり、適切な使い方を理解するのが大変になります。

第3章 業務ロジックをわかりやすく整理する 073

そういう面倒な共通メソッドを調べて使うよりは、かんたんなメソッドを自作したほうが楽で確実です。いろいろな使い方に対応できるように、引数を増やして汎用化しても、かえって使いにくくなるため、結局だれも使いません。その結果、同じようなロジックがあちこちに書かれます。

●用途ごとに細分化した共通関数

汎用化がだめなら、用途別に細分化した、たくさんの共通関数を用意するやり方はどうでしょうか。

実はこの方法もうまくいきません。用途別に細かく分けると共通ライブラリのメソッド数が膨れ上がります。その結果、似たようなメソッドの中から、自分のニーズにぴったりあったメソッドを探したり、微妙な違いを理解してメソッドを使い分けるのが大変になります。

そうなれば、やはり、かんたんなメソッドを自作したほうが楽で確実です。用途別に細分化しても、共通ライブラリのメソッドは使われず、あちこちに同じロジックが書かれます。

このように、どちらの場合もコードの重複を防ぐことはできません。共通ライブラリのメソッドは使われず、似たようなコードがあちこちに散らばります。その結果、どこに何が書いてあるかわかりにくくなり、修正の対象箇所が増え、変更が大変になるばかりです。

■ 業務ロジックをわかりやすく整理する基本のアプローチ

三層アーキテクチャを採用しても、データクラスと機能クラスを分ける設計では業務ロジックをうまく整理できません。どうすれば業務ロジックをもっとわかりやすく整理し、変更を楽で安全にできるでしょうか。

基本的な方針は次の2つです。

- ・データとロジックを一体にして業務ロジックを整理する
- ・三層のそれぞれの関心事と業務ロジックの分離を徹底する

以降では、この2つの方針に基づいた設計のやり方を説明します。

COLUMN

データクラスが広く使われているのはなぜか

オブジェクト指向言語として登場した Java を使ったアプリケーションで、なぜデータクラスのようなオブジェクト指向らしくない設計スタイルが広まってしまったのでしょうか。

それは、Java が業務アプリケーションに利用されるようになった経緯に関係します。

Java は 1995 年に発表され、Web アプリケーションのサーバ側の開発言語として利用が広がりました。その当時の業務アプリケーション開発は、汎用コンピュータでは COBOL が、Unix 系では C 言語や C++ が、おもな開発言語でした。

業務アプリケーションを Web アプリケーションとして開発するようになると、業務アプリケーションの開発言語も、COBOL や C 言語から Java に移行していきます。その際、設計のやり方や開発の進め方は、従来の業務アプリケーション開発をそのまま引き継ぎました。COBOL や C 言語でやっていた設計を、そのまま Java にも適用したのです。

COBOL や C 言語は手続き型のプログラミング言語です。手続き型の設計では、プログラムをデータ構造とロジックの記述に分けます。そして、プログラムの構造は、トップダウンの機能分割が基本です。

この手続型の設計スタイルを Java で踏襲した結果が、データクラスと機能クラスに分ける設計です。Java のプログラムは、必ずクラス単位で書く必要があります。Java で手続き型の設計を踏襲すればデータ構造を記述するクラスがデータクラスになり、処理を記述するクラスが機能クラスになるわけです。つまり、オブジェクト指向を意図した Java のクラスを、手続き型プログラミングの実装単位として採用したのです。

データクラスと機能クラスを分けるやり方は、業務アプリケーションの設計パターンとして推奨されさえしました。J2EE や Struts など

第3章 業務ロジックをわかりやすく整理する　075

の Web アプリケーション用のフレームワークでは、データクラスと機能クラスを分けることを基本にしています。

　もともと Java は、C 言語からの移行しやすさを重視して設計されました。そのため、データを格納するデータクラスと、ロジックを書く機能クラスに分ける手続き型の設計が、Java でも受け入れやすかったという面もあります。

データとロジックを一体にして業務ロジックを整理する

業務ロジックを重複させないためにはどう設計すればよいか

　データクラスと機能クラスは「クラス」というしくみを使っていますが、実際はデータ構造と処理手順という典型的な手続型の設計です。

　オブジェクト指向では、データとロジックを1つのクラスにまとめます。そして、それぞれのクラスを独立したプログラミング単位として開発し、テストします。

　クラスにデータとそのデータを使う判断／加工／計算のロジックを一緒に書いておけば、コードの重複をなくせます。そのクラスを使う側のクラスに同じロジックを書く必要がなくなるからです。使う側にロジックを書かなくてよくなれば、使う側のクラスのコードはシンプルになります。

　その結果、プログラムの見通しが良くなり、修正の対象箇所が少なくなり、変更の影響を狭い範囲に限定できます。つまり、変更が楽で安全になるわけです。

　クラス設計で大切なことは、使う側のクラスのコードがシンプルになるように設計することです。そういうオブジェクト指向らしいクラスを設計するには次の点に気を配ります。

- メソッドをロジックの置き場所にする
- ロジックを、データを持つクラスに移動する
- 使う側のクラスにロジックを書き始めたら設計を見直す
- メソッドを短くして、ロジックの移動をやりやすくする
- メソッドでは必ずインスタンス変数を使う
- クラスが肥大化したら小さく分ける

第3章　業務ロジックをわかりやすく整理する　　077

・パッケージを使ってクラスを整理する

それぞれについて具体的に考えてみましょう。

■ メソッドをロジックの置き場所にする

データクラスがうまくいかないのは、自分が持っているデータをそのまま別のクラスに渡してしまうからです。コードを重複させない設計の基本は、インスタンス変数を返すだけの getter メソッドを書かないことです。

リスト データを保持するだけのクラス（悪い例）

```
class Person {
    private String firstName;
    private String lastName;
    ...

    String getFirstName() {
        return firstName; // インスタンス変数をそのまま返す
    }

    String getLastName() {
        return lastName; // インスタンス変数をそのまま返す
    }
}
```

この例の getFirstName() メソッドと getLastName() メソッドはインスタンス変数を返すだけです。何も役に立つことをしていません。

メソッドはもっと役に立つことを実行しなくてはいけません。メソッドは判断／加工／計算のロジックを実行して初めて役に立つのです。

リスト メソッドにロジックを持たせる

```
class PersonName {
    private String firstName;
```

```
        private String lastName;

        String fullName() {
            return String.format("%s %s", firstName, lastName);
        }
    }
```

fullName() メソッドは、firstName と lastName の 2 つのインスタンス
変数を連結して、空白区切りの氏名を返します。

　このように、インスタンス変数を使って何らかの処理を行うのがメソッ
ドの正しい姿です。インスタンス変数を使った加工や計算をしない、イン
スタンス変数を返すだけの getter メソッドは、メソッドの使い方として
まちがっているのです。

■ 業務ロジックをデータを持つクラスに移動する

　データを返すだけの getter メソッドを見つけたら、そのメソッドに何
らかの判断／加工／計算をさせることを考えます。

　たとえば数値データを get するメソッドを考えてみましょう。データを
get するクラスでは、そのデータを使って何か計算をしたいはずです。そ
の計算ロジックを getter メソッドを持つクラスに移動します。そうする
と次のことが起きます。

- データを持つ側のクラスにロジック（計算式）が増える
- データを get していたクラスからロジック（計算式）が減る
- 使う側のクラスは、データを get するのではなく、そのデータを使った計
  算結果を受け取るようになる

　こうやってデータを持つクラスに業務ロジックを集めることがコードの
重複や散在を防ぐ、オブジェクト指向の基本です。

　データを持つクラスにロジックを移動すればコードの重複をなくせま
す。コードの重複がなくなれば、変更の対象箇所をそのクラスに限定でき

第3章　業務ロジックをわかりやすく整理する　　079

ます。

　データを持つクラスに判断／加工／計算をまかせることができるため、利用する側のクラスのコードはシンプルになり読みやすくなります。

■ 使う側のクラスに業務ロジックを書き始めたら設計を見直す

　どこでもいいからロジックを書いて、とにかく動かせばいいわけではありません。ロジックをどこに書くのがよいかを適切に判断するのが「設計」です。そして、データを持つクラスに、そのデータを使った判断／加工／計算のロジックを書くのがオブジェクト指向のクラス設計の基本です。

　あるクラスを「データの入れ物」と考えてしまうと、そのクラスからデータを get して、自分でロジックを書くのが当たり前になってしまいます。しかし、データを持つクラスのメソッドを「ロジックの置き場所」と考えれば、そのクラスが判断／加工／計算までやってくれる便利な部品になります。

　設計の初期の段階では、データを持つだけのクラスを作ることもあります。業務でどのようなデータを扱っているかに注目するとクラスの候補を見つけやすいからです。この段階でロジックを持たないデータクラスであることは問題ではありません。

　データを持たないクラスに、データクラスからデータを get して判断／加工／計算のロジックを書いてしまうこともあるでしょう。設計の初期の段階は、それでもよいのです。

　問題は、とりあえず動くようになったあとです。データとロジックを別のクラスに書いてあっても、動いたから良しとしてそのまま放置するのか。それとも、データを持つ側にロジックを移動する設計改善を続けるか。その違いが、ソフトウェアの変更容易性を大きく左右します。

　データを持つクラスからデータを get して、そのデータを使って判断／加工／計算するロジックを書き始めたら、何か変だと考えましょう。ロジックを書く場所が変だと気がついたら TO-DO としてコメントを残しましょう。

　オブジェクト指向の設計は、改善の繰り返しです。最初から良い設計が

見つかるわけではありません。コードを書いて動かしてみながら、ロジックの置き場所やクラス名／メソッド名の改善を続け、より良い設計を見つけていくのが、オブジェクト指向設計の基本です。

メソッドを短く書くとロジックの移動がやりやすくなる

オブジェクト指向らしい設計を進めるには、メソッドは小さく分けて独立させます。長いメソッドを短いメソッドに分けると、本来ならばそのクラスにふさわしくないコードのかたまりを発見しやすくなります。

数行のコードのかたまりをメソッドとして独立させ、その数行のコードのかたまりを、データを持つクラスに移動します。そういう、ちょっとしたロジックの移動を繰り返してみると、データとロジックが同じ場所にあるほうが、プログラムがわかりやすくなることが実感できます。データを持つクラスにロジックを書くことが当たり前になってきます。

そうなると、データを持つだけのクラスは自然に書かないようになります。最初から、データとロジックがひとかたまりになったクラスを作ることが当たり前になります。

こうやってオブジェクト指向らしい設計が身についてくると、コードの重複がない、変更したときの影響範囲を狭い範囲に限定できるプログラムを短時間で書くことができるようになります。

メソッドは必ずインスタンス変数を使う

インスタンス変数を使わないメソッドは、そのクラスのメソッドとしては不適切です。ロジックの置き場所を再検討すべきです。

リスト 引数だけを使い、インスタンス変数を使わないメソッド（悪い例）

```
BigDecimal total(BigDecimal unitPrice, BigDecimal quantity) {
    BigDecimal total = unitPrice.multiply(quantity);
    return total.setScale(0, ROUND_HALF_UP);
}
```

第3章 業務ロジックをわかりやすく整理する　081

このメソッドは渡された引数（unitPrice と quantity）だけを使って計算をしています。インスタンス変数を使っていません。インスタンス変数を使わないのであれば、このメソッドをこのクラスに置く意味がありません。

　インスタンス変数を使わないメソッドは、どこに何が書いてあるかをわかりにくくします。そのクラスに、そのメソッドを書いている理由がはっきりしないからです。

　どこに何が書いてあるのか推測しやすくするためには、データの近くにロジックを置く原則を徹底します。インスタンス変数を使わないメソッドを見つけたら、そのメソッドのロジックをデータを持つクラスへ移動することを検討します。

　検討の結果、そのロジックを引数を渡している側のクラスに移動するのがよいかもしれません。引数で渡すデータを持っていたのがさらにその先の別のクラスであれば、そのクラスにロジックを移動すべきかもしれません。

■ クラスが肥大化したら小さく分ける

　インスタンス変数が多いクラスに関連する業務ロジックを集めると、そのクラスがしだいに大きくなります。クラスが大きくなると、クラス内部でどこに何が書いてあるかわかりにくくなります。また、何か変更をしたときに、副作用がないか心配をする範囲が広がります。

　データを持つクラスにロジックを移動した結果、クラスが大きくなり始めたら、関連性の強いデータとロジックを抜き出して、新しいクラスに分けることを考えます。

　まずインスタンス変数とメソッドの関係を調べます。それぞれのメソッドがどのインスタンス変数を使っているかに注目して、メソッドをグループ分けします。同じインスタンス変数を使うメソッドを１つのグループとしてまとめます。

リスト インスタンス変数とメソッドを対応付ける

```java
class Customer {
    String firstName;
    String lastName;

    String postalCode;
    String city;
    String address;

    String telephone;
    String mailAddress;
    boolean telephoneNotPreferred;

    String fullName() {
        return String.format("%s %s", firstName, lastName);
    }

    ...
}
```

　この例では、fullName() メソッドが使っているインスタンス変数は、firstName と lastName の 2 つです。ほかのインスタンス変数を使っていません。この場合、firstName と lastName だけを持つ別のクラスを作成し、fullName() メソッドはそちらに移動します。

リスト メソッドがすべてのインスタンス変数を使うようになる

```java
class PersonName {
    private String firstName;
    private String lastName;

    String fullName() {
        return String.format("%s %s", firstName, lastName);
    }
}
```

　こうやって別の PersonName クラスに抽出すると、fullName() メソッド

第3章 業務ロジックをわかりやすく整理する　　083

は、そのクラスのすべてのインスタンス変数を使うようになります。同じ
ように、インスタンス変数とメソッドの関係に注目すると、Address クラ
スや ContactMethod クラスが抽出できそうです。

リスト クラスの抽出後

```
class Customer {
    PersonName      personName;
    Address         address;
    ContactMethod   contactMethod;
}
```

　関連するロジック（メソッド）は、それぞれのクラスに移動したので、
Customer クラスがすっきりしました。

　抽出した PersonName クラス、Address クラス、ContactMethod クラ
スは、密接に関係したデータとロジックだけになり、独立性が高く再利用
できそうな部品になります。

　このように、関連性の強いデータとロジックだけを集めたクラスを**凝集
度が高い**と言います。

　凝集とは「切っても切れない」関係です。オブジェクト指向のクラス設
計は、この切っても切れない関係のデータとロジックを 1 つのクラスに
まとめる「凝集」が基本です。

　凝集したクラスは意図が明確で使いやすくなります。同時に、そのクラ
ス内部の変更が、ほかのクラスに影響しにくくなります。つまり疎結合に
なります。

■ パッケージを使ってクラスを整理する

　インスタンス変数とメソッドの関係に注目しながらクラスを抽出する
と、クラスの数が増えます。クラスが増えると、どこに何が書いてあるか
見つけにくくなります。クラスの数が増えてきたときの整理の手段が**パッ
ケージ**です。

関連性の強いクラスは同じパッケージに集めます。そして、クラスやメソッドのスコープ（参照範囲）は、可能な限りパッケージスコープにします。つまり、public 宣言をしないようにします。public なクラスやメソッドが少ないほど、変更の影響範囲をパッケージに閉じ込めやすくなります。

　パッケージのクラス数が増えたら、さらにサブパッケージに分けます。また、クラス数が少なくても、長いパッケージ名をつけたくなったら、パッケージを階層にして、一つひとつのパッケージ名を短くすることを検討します。そのために階層が深くなったり、1 つのパッケージに 1 つか 2 つのクラスになってしまうこともありますが、それでもよいのです。名前を手がかりに、どこに何が書いてあるかを推測するときに、パッケージ名が単純で、1 つのパッケージのクラスが少ないほうが推測しやすくなります。

　パッケージの設計も継続的に改善します。パッケージの名前と、パッケージに含まれるクラスがずれてきたり、名前の階層関係が変わってきたら、パッケージの名前の変更や、クラスのパッケージ間の移動、パッケージの移動を行います。そうやって、パッケージ単位でのコードの整理の改善を地道に続けることで、コードの見通しを保つことができます。

　開発初期のパッケージ構造は、少ない情報をもとに浅い理解で設計したものがほとんどでしょう。開発が進むにつれて、対象領域の知識が広がり、最初は見えていなかった全体の構造を理解できるようになってきます。それに合わせて、パッケージの名前や構造を改善していくことが、コードの見通しを良くし、どこに何が書いてあるかをわかりやすく保つ基本です。

第3章　業務ロジックをわかりやすく整理する　　085

三層の関心事と業務ロジックの分離を徹底する

■ 業務ロジックを小さなオブジェクトに分けて記述する

　業務アプリケーションの中核は、業務データを使った判断／加工／計算の業務ロジックです。オブジェクト指向で業務アプリケーションを開発する目的は、業務ロジックがどこに書いてあるか見つけやすくし、修正を楽で安全にすることです。そのために、業務データとその業務データを使って判断／加工／計算するロジックを同じクラスに置くことを徹底します。

　関連する業務データと業務ロジックを1つにまとめたこのようなオブジェクトを**ドメインオブジェクト**と呼びます。

　「ドメイン」とは、対象領域とか問題領域という意味です。業務アプリケーションの場合、そのアプリケーションが対象とする業務活動全体がドメインです。業務活動という問題領域（ドメイン）で扱うデータと業務ロジックを、オブジェクトとして表現したものがドメインオブジェクトです。ドメインオブジェクトは、業務データと業務ロジックを密接に関係づけます。

　ドメインオブジェクトは、業務で扱うデータをインスタンス変数として持ち、その業務データを使った判断／加工／計算の業務ロジックを持つオブジェクトです。

　データとその判断／加工／計算のロジックは、比較的、小さな単位に分けて整理します。

　たとえば、次のような業務ロジックです。

- 受注日と今日の日付から受注日の妥当性を判断するロジック
- 単価と数量から合計価格を計算するロジック
- 数値データの価格を千円単位の文字列表記に加工するロジック

クラスを設計するときには、まず、こういう小さい単位の業務データと業務ロジックの関係に注目します。

受注日に関係するデータとロジックの置き場所として、OrderAcceptDateクラスを用意します。単価に関する計算や判定処理のロジックはUnitPriceクラスに集めます。価格を千円単位に丸め、「千円」という単位表示つきの文字列表記に加工するロジックはAmountクラスに記述します。

このように、業務データと業務ロジックを小さな単位で整理したドメインオブジェクトを設計します。そして、こういう小さなドメインオブジェクトを組み合わせて「顧客」「商品」「注文」など、より大きな業務の関心事を表現するクラスを設計します。

たとえば、「注文」クラスを考えてみましょう。

「注文」は業務の重要な関心事です。早い段階でクラス候補として発見できます。しかし、「注文」クラスは、ロジックの整理の単位として大きすぎます。注文に関連するデータと業務ロジックは多岐にわたります。膨大なデータやロジックと格闘するのではなく、小さな単位に分けて整理するところから手をつけていきます。

注文であれば、「商品」「数量」「金額」「納期」「届け先」「請求先」という単位に分けながらドメインオブジェクトを作っていきます。そしてそういう小さなドメインオブジェクトを組み合わせて「注文」オブジェクトを組み立てます。このようなドメインオブジェクトの分析や設計のやり方は、次の第4章でくわしく説明します。

■ 業務ロジックの全体を俯瞰して整理する

関連する業務データと業務ロジックをクラス単位で整理すれば、業務ロジックがあちこちのクラスに重複することはなくなります。業務データと業務ロジックが一体となったドメインオブジェクトを再利用するからです。

しかし、業務で扱うデータは多種多様です。そのようなさまざまな業務データと関連する業務ロジックを、ドメインオブジェクトとして小さな単

位に分けて整理すると、クラスの数が膨大になります。クラスの数が増えれば、どのようなクラスがどこにあって、どのクラスにどういう業務ロジックが書いてあるかの見通しが悪くなります。

どうすればよいでしょうか。

クラスが多くなった場合の整理の手段がさきほど説明した「パッケージ」です。さまざまなドメインオブジェクトを、関心事の単位にグルーピングして、パッケージに分けることで、業務ロジックの全体を見通しよく整理できます。

図3-3 ドメインオブジェクトを整理するパッケージの例

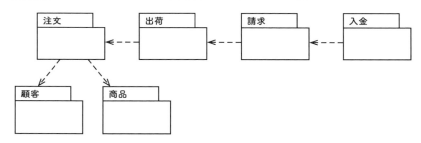

図3-3で示した矢印は、パッケージの参照関係です。単にグルーピングするだけではなく、このように参照関係を含めて整理することで、ドメイン全体の業務ロジックをうまく整理できます。

業務アプリケーションでは、パッケージの参照関係は、基本的に時間軸に沿った関係になります。

注文の流れで考えてみましょう。

まず、顧客と商品が存在します。そして、顧客から商品への注文が発生します。注文をもとに出荷し、出荷が済めば対価を請求し、顧客からの入金を確認して、一連のプロセスが完了します。

オブジェクト間の参照関係は、この業務の流れに対応します。

顧客パッケージのオブジェクトは、注文パッケージに含まれるオブジェクトを参照してはいけません。注文パッケージの注文オブジェクトが、顧

客パッケージの顧客オブジェクトと、商品パッケージの商品オブジェクト
を知っている必要があります。

　最初からこのような関係をすべて厳密に定義できるわけではありませ
ん。しかし、業務データと業務ロジックを一緒にしたドメインオブジェク
トを設計するときに、どのパッケージに置くべきか、そしてどのパッケー
ジの内容を知っていてもよいか／知っていてはいけないかを整理し、改善
を続けることで、業務ロジックの全体的な関係が明確になってきます。

　この全体を俯瞰した整理が、どこに何が書いてあるかをわかりやすくし、
業務アプリケーションの変更の容易性に直結します。パッケージへのグ
ルーピングや、パッケージの参照関係の整理は、変更の影響する範囲を特
定したり、狭い範囲に影響を閉じ込めるための指針になります。

　このように業務アプリケーションの対象領域（ドメイン）をオブジェク
トのモデルとして整理したものを**ドメインモデル**と呼びます。

　ドメインモデルは、業務で扱うデータと関連する業務ロジックを集めて
整理したものです。ドメインモデルを見れば、業務全体がどういう関心事
から成り立っているかを理解できます。パッケージ図で示したように、時
間軸に沿った業務の基本の流れを軸に、業務ロジックの関係を整理します。

■ 三層＋ドメインモデルで関心事をわかりやすく分離する

　ドメインモデル方式では、アプリケーション全体の構造は図 3-4（次ペー
ジ）のようにドメインモデルに集めた業務ロジックを三層が利用する形に
なります。

図3-4 三層＋ドメインモデル

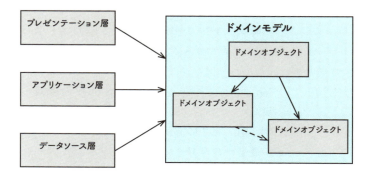

　三層＋ドメインモデルの構造では、業務ロジックを記述するのはドメインモデルだけです。業務的な判断／加工／計算のロジックは、すべて、ドメインモデルを構成するドメインオブジェクトに任せます。

　ドメインモデルでは画面やデータベースの都合からは独立して、純粋に業務の観点から業務ロジックを整理できます。どこにどのような業務ロジックが書いてあるかが明確です。業務ロジックと業務ロジックの関係も、業務の視点で整理されます。

　判断／加工／計算の業務ロジックに修正や拡張が必要な場合も、影響範囲を特定のドメインオブジェクトや、特定のパッケージに閉じ込めやすくなります。

　ドメインモデルに業務ロジックを集約して整理できれば、プレゼンテーション層／アプリケーション層／データソース層の記述は簡潔でわかりやすくなります。

　業務アプリケーションのコードが複雑になる理由は、業務ロジックの複雑さです。業務ロジックの複雑さをドメインモデルとして分離し整理することで、三層のコードはシンプルになり、構造も単純になります。

　図3-2と図3-4を見比べてみると、ドメインモデルは、データクラスと似た位置づけになります。しかし、データクラス方式とドメインモデル方式では業務ロジックを書く場所が異なります。

データクラス方式では、業務ロジックはアプリケーション層の複数の機能クラスに重複します。また、アプリケーション層の構造が画面やデータベースの都合に影響されやすく、その結果、業務ロジックがどこに書かれているかわかりにくくなり、業務ロジックを変更したときに、想定外の副作用が起きやすくなります。

それに対し、ドメインモデル方式の三層構造では、すべての業務ロジックをドメインモデルに集めます。プレゼンテーション層／アプリケーション層／データソース層のクラスは、業務上の判断／加工／計算のロジックをドメインオブジェクトに任せることで、記述がシンプルになり役割が明確になります。

表 三層＋ドメインモデル

名前	役割
プレゼンテーション層	UI など外部との入出力を受け持つ
アプリケーション層	業務機能のマクロな手順の記述
データソース層	データベースとの入出力を受け持つ
ドメインモデル	業務データと関連する業務ロジックを表現したドメインオブジェクトの集合

次章からは、三層＋ドメインモデルのそれぞれの要素ごとに設計の考え方とやり方を説明します。

まず最初にドメインモデルの設計を説明し（第4章）、次にアプリケーション層の設計に進みます（第5章）。そのあとで、データベース設計（第6章）と、画面インターフェースの設計（第7章）を、ドメインオブジェクトの設計と関連づけながら説明します。

››› 第3章のまとめ

- 変更が大変になるのはデータクラスと機能クラスを分けるから
- データクラスを使うと、業務ロジックの重複が増える
- アプリケーション全体のコードの見通しを良くするためには、データとロジックを一体にする設計を徹底する
- 業務ロジックは業務データの近くにまとめる（ドメインオブジェクト）
- ドメインモデルに業務ロジックを集める
- ドメインモデルは画面やデータベースの都合から独立させる
- ほかの層は業務的な判断／加工／計算のロジックをドメインモデルに任せることでシンプルでわかりやすい構造になる

参考
『エンタープライズアプリケーションアーキテクチャパターン』「第1章　レイヤ化」「第9章　ドメインロジックパターン」
『ドメイン駆動設計』「第4章　ドメインを隔離する」
『［改訂新版］Spring入門』「1章　SpringとWebアプリケーションの概要」

CHAPTER

4

ドメインモデルの
考え方で設計する

第3章では、アプリケーション全体の業務ロジックの整理のやり方として
三層＋ドメインモデルの考え方を説明しました。
この章では、その中核となるドメインモデルの設計のやり方を説明します。

ドメインモデルの考え方を理解する

■ ドメインモデルで設計すると何がよいのか

　業務ロジックが複雑な場合は、データクラスと機能クラスを分ける手続き型の設計よりも、オブジェクト指向で業務ロジックを整理するドメインモデルのほうが良いといわれています。ドメインモデルで設計する狙いは次の３つです。

- 業務的な判断／加工／計算のロジックを重複なく一元的に記述する
- 業務の関心事とコードを直接対応させ、どこに何が書いてあるかわかりやすく整理する
- 業務ルールの変更や追加のときに、変更の影響を狭い範囲に閉じ込める

　ドメインモデルは、業務の関心事を表現するドメインオブジェクトを集めて体系的に整理したものです。

　ドメインオブジェクトは、業務の関心事に直接的に対応します。クラス名やメソッド名は業務の用語そのものです。それぞれのドメインオブジェクトは、業務データとそれを使った判断／加工／計算のロジックを一体にしたものです。データとロジックを１つのクラスにまとめることで、業務ルールに基づく判断／加工／計算のコードの重複を防ぎます。

　ドメインモデルはプログラミング言語で書いた「業務の用語集」であり「業務の説明書」です。ただし、単なる用語の羅列ではありません。それぞれの用語がどのように関連し、どのように相互に作用するかをパッケージ構成やクラスの参照関係で立体的に表現する手段です。

　業務の関心事の単位とプログラミングの単位が一致していると、業務

ルールの修正や追加が楽で安全になります。どこに何が書いてあるかわかりやすく、修正の対象は1ヵ所にまとまります。プログラムを変更したときに業務的に関係のない箇所に思わぬ副作用が起きなくなります。

■ ドメインモデルの設計は難しいのか

ドメインモデルは、データクラスと機能クラスを分ける手続き型の設計に比べ難しいといわれます。何が、ドメインモデルの設計を難しくしているのでしょうか。

ひとつは、オブジェクト指向プログラミングの経験が足りない場合です。データクラスと機能クラスに分ける手続き型の設計の経験しかない場合、データとロジックを1つのクラスにまとめるオブジェクト指向の考え方とメリットが感覚的にわかりません。頭でオブジェクト指向を理解したとしても、どうしてもデータクラスと機能クラスを分ける手続き型の発想から抜け出すことができません。

ドメインモデルの設計を難しくするもうひとつの理由は、要件定義や分析のやり方がわからない場合です。ドメインオブジェクトを設計するためのインプットとなる業務要件を、どうやって収集し整理していくか。分析した結果を、どうやってクラス設計に反映していくか。そのやり方が具体的にわからない場合です。

ドメインモデルを設計するために、どのように業務のニーズを分析し、どのようにオブジェクト単位に業務ロジックを整理していけばよいか具体的に考えてみましょう。

■ 利用者の関心事とプログラミング単位を一致させる

ソフトウェアの目的は、人間の役に立つことです。必要な情報をわかりやすい形で提供したり、データを使った判断／加工／計算を自動化したりするための道具の提供です。ドメインモデルは、そういう役に立つソフトウェアの中核です。

ドメインモデルを開発するためには2つの活動が必要です。

- 分析…人間のやりたいことを正しく理解する
- 設計…人間のやりたいことを動くソフトウェアとして実現する方法を考える

　人間のやりたいことを理解し、わかりやすく整理する活動が「分析」です。分析では、利用者がどういうことに関心があり、どのようなロジックで判断や計算をしたいかを理解するために、以下の活動を行います。

- 要求の聞き取り
- 不明点を確かめるための会話
- 図や表を使っての整理
- 理解した結果を記録するための文書の作成

　分析した内容をもとに、プログラムをどのような構造で組み立てればよいかを考える活動が「設計」です。設計の基本的な関心事はコンピュータを動作させる方法です。設計の結果はプログラミング言語で記述します。設計では次のような内容を検討し、決定します。

- パッケージ構成と名前
- クラス構成と名前
- メソッド構成と名前

　ドメインモデルの設計とは、業務を理解するための分析と、ソフトウェアとして実現するための設計が、一体になった活動です。
　ドメインモデルは業務知識のかたまりです。ドメインモデルを構成するドメインオブジェクトを設計する人間が、業務の関心事を理解すればするほど、業務ロジックを体系的にわかりやすく整理できます。
　業務アプリケーションの複雑さは、業務ロジックの複雑さをそのまま反映しています。ドメインオブジェクトを使って、業務ロジックをうまく整理できていれば、どこに何が書いてあるかがわかりやすく、業務要件に修正や追加があっても、ソフトウェアの変更は楽で安全になります。

■ 分析クラスと設計クラスを一致させる

　分析や設計を視覚的に表現する手段にクラス図があります。利用者の関心事を明らかにするための分析クラスも、プログラミング単位を明らかにする設計クラスも、どちらも同じ形式のクラス図として描くことができます。これらを一致させることが重要です。

　オブジェクト指向で開発しているつもりなのに、ソフトウェアの変更がやっかいになる理由のひとつが、分析クラスと設計クラスを別々に考えてしまうことです。

　実装のことを考えなければ、分析クラスの自由度は非常に高くなります。分析の切り口や整理の軸によってさまざまな分析クラスを描くことができます。しかし、モノゴトをうまく説明できている分析クラスが、プログラミング単位としての設計クラスとして適切とは限りません。

　業務ロジックは、業務の詳細の流れの中で、具体的になります。「これこれの場合には具体的にどうするか」という決め事が複雑に絡み合ったものが業務ロジックです。

　分析クラスは、そういう現実の詳細を無視した構造になりがちです。そういう説明用の分析クラスをそのまま設計クラスとして使うと、業務ロジックの整理の単位としては不適切な構造に無理やり業務ロジックを押し込めることになります。

　それではプログラムが不必要に複雑になり、業務ロジックの詳細レベルでは、どこに書いてあるか見通しが悪くなります。そうなると、変更したときの副作用が想定外の場所に影響を及ぼしたり、修正漏れが発生しやすくなります。

　分析では、業務の関心事の要点をうまく説明することが大切です。しかし、そのときに動くソフトウェアとして実現することを無視してはいけません。業務ロジックの詳細とそのロジックをプログラミング言語で表現することも視野に入れて、分析することが必要です。

　分析段階では、物事のいろいろな説明ができます。そのいろいろな説明の中から、業務ロジックをプログラムとして、うまく記述できる設計クラ

第4章　ドメインモデルの考え方で設計する　　097

スを見つけることがオブジェクト指向の分析設計なのです。

　分析しながら設計クラスを発見していくために、分析と設計を、同じ人が担当します。分析者と設計者を分離すると、お互いの持っている知識を結びつけて、より良いクラスを発見するための意思疎通の負担が大きくなります。限られた開発期間の中では、うまく意思疎通ができないまま、開発が進みがちです。分析者が把握している利用者の関心事が設計者にはうまく伝わりません。設計者が検討する業務ロジックの整理の単位が、利用者の関心事と一致しなくなります。利用者の関心事とプログラミングの単位がずれてくると、どこに何が書いてあるかがわかりにくく、変更がやっかいで危険なソフトウェアになってしまいます。

　そうならないように、要件を理解し整理する分析作業も、設計やプログラミングをする人がやるべきです。コードを書く人間が分析を担当すれば、分析と設計は、自然に一致します。

■ 業務に使っている用語をクラス名にする

　ドメインモデルの設計は、業務で使われる具体的な用語（概念）を手がかりに進めます。そしてその用語が、データとロジックをひとかたまりとしたプログラミング単位として使えそうなことを検証します。そうやって業務の関心事、業務で使われている用語を理解しながら、プログラムの構造を考えていくのが、オブジェクト指向の分析設計のやり方です。

　また、ドメインオブジェクトの設計の基本は、現実の業務の中で使われている具体的な言葉の単位で業務ロジックを整理することです。クラス名やメソッド名を業務で使う用語の単位と一致させる設計をまず行います。それだけではうまく整理できない部分が明らかになったら、そこに集中して、もっとうまく整理できる抽象的な概念の探索に取り組めばよいのです。

　ドメインモデルの設計でありがちな失敗に、業務では実際には使っていない抽象的な言葉をクラス名として使ってしまうことがあります。

　クラス名を抽象的にすればするほど、その名前は広い範囲の対象を包含して説明できます。抽象的で意味の広い名前をクラス名やパッケージ名にしたほうが、さまざまな要素をシンプルにすっきりと整理できたように錯

覚しがちです。

　しかし、そういう意味の広い抽象的な名前を使ったクラスは、具体的には何も説明していません。業務の現実の詳細を的確にとらえてはいないのです。たとえば、業務のさまざまな活動をどれも「取引」として説明することはできます。「販売」も「仕入」も「取引」の一種です。だからといって、「取引」クラスに「販売」の業務ルールも、「仕入」の業務ルールも、どちらも記述するのは、プログラムを複雑にするだけです。

　業務の用語として使われていない抽象的な概念の導入が、分析や設計にブレークスルーをもたらすこともあります。ごちゃごちゃしてわかりにくかったクラスのもつれた関係が、抽象的な概念を表すクラスの発見によりスッキリと整理できることもあります。しかし、業務の現場で使っていない抽象概念をクラス名に採用してうまくいくのはドメインモデルの中でごく一部です。

■ データモデルではなくオブジェクトモデル

　ドメインモデルの設計に取り組むときに、ドメインモデルとデータモデルを別のものとして考えることが大切です。手続き型の設計では当たり前だったデータモデルの発想ではドメインモデルの設計はうまくいきません。

　ドメインモデルは、対象業務（ドメイン）をオブジェクトの集合として表現する技法です。アプリケーションの対象領域の関心事を、データとロジックが一体となったオブジェクトとして分析し、その分析結果をそのままクラス設計に反映させる手法がドメインモデルであり、ドメインオブジェクトです。

　データクラスと機能クラスに分ける手続き型のアプローチでは、データをデータモデルとして整理し、ロジックを機能モデルとして整理します。データモデルは、一見するとドメインモデルと似ています。概念的なER図と概念的なクラス図は同じに見えるかもしれません。

　しかし、設計の考え方とやり方は、データモデルとオブジェクトモデル

第4章　ドメインモデルの考え方で設計する　099

ではまったく異なります。業務データとそのデータに対する判断／加工／計算の業務ロジックを一緒に考え、クラスとして整理していくオブジェクト指向で設計するのがドメインモデルです。

このデータモデルとドメインモデルの設計のアプローチの違いが理解できると、ドメインモデルの設計のやり方がわかるようになります。

■ ドメインモデルとデータモデルは何が違うのか

ドメインモデルは、業務ロジックの整理の手法です。業務データを判断／加工／計算するための業務ロジックを、データとひとまとまりにして「クラス」という単位で整理するのがオブジェクト指向の考え方です。関心の中心は業務ロジックであり、データではありません。

一方、データモデルは、文字どおりデータが主役です。業務で発生するさまざまなデータを整理して、どうテーブルに記録するかを考えます。

生年月日と年齢を例にして、ドメインモデルとデータモデルの違いを比べてみましょう。

ドメインモデルでは、「年齢」が業務の関心事であれば、年齢クラスを作ります。年齢クラスは内部的に生年月日をインスタンス変数に持ち、そのインスタンス変数を使って年齢を計算するロジックをメソッドとして持ちます。年齢を知りたいという関心事があり、それを計算するロジックの置き場所が必要だから年齢クラスを作る、というアプローチです。

一方、データモデルでは、年齢は記録すべきデータではありません。計算の結果です。テーブルには計算のもとになる生年月日だけを記録します。手続型の設計では、データとロジックの整理を分けて考えるため、年齢という関心事はデータモデルには登場しないのです。

もう少し複雑な取引業務の例で考えてみましょう。注文について、データに焦点を合わせると、図 4-1 のようなテーブル設計に似たクラス図になります。

それに対し、注文金額を計算するロジックに焦点を合わせると、図 4-2 のクラス図のモデルになります。

図 4-2 では、主たる関心事ではない要素は、背景的な関心事としてグレー

図4-1 データに焦点を合わせたモデル

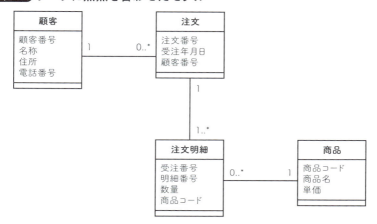

図4-2 ロジックに焦点を合わせたモデル

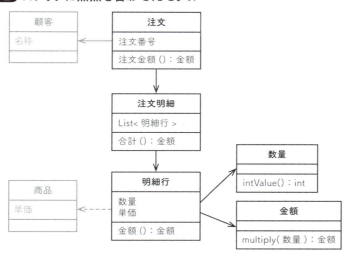

表示にしました。商品は直接は関係しません。

　このように、業務ロジックに注目し、それをクラスという単位で設計するドメインモデルと、データの整理を目的とするデータモデル（テーブル設計）は、本質的に違うものなのです。

なぜドメインモデルだと複雑な業務ロジックを整理しやすいのか

　データモデルを中心にプログラム設計を進めると、データクラスと機能クラスに分ける手続き型の設計になります。テーブルのレコードをデータクラスに対応させ、そのデータクラスによって渡されたデータを使って判断／加工／計算するロジックは機能クラスに記述します。

　データクラスと機能クラスに分けるやり方は、異なる機能クラスに同じロジックが重複しがちです。また、データクラスを受け取るプレゼンテーション層のクラスにも業務的な判断や加工のロジックが書かれがちです。データクラスを使ってデータを受け渡すやり方は、どのクラスに何が書いてあるかわかりにくくします。その結果、変更の対象箇所が分散し、見通しが悪くなります。変更の影響範囲の推測も難しくなります。

　一方、業務ロジックの整理に注目するオブジェクト指向のドメインモデルでは、こういう問題が起きにくくなります。業務データとそのデータに関連する判断／加工／計算の業務ロジックを1つのクラスに集めて一元的に管理できるからです。

　もう一度、年齢と生年月日の例で考えてみましょう。

　データモデルからはテーブル設計の段階では「年齢」という業務の関心事が消えてしまいます。年齢を知るために必要な手段である生年月日だけがテーブルのカラムに登場します。年齢はデータモデルには登場しません。年齢を計算するロジックは生年月日データを参照できる場所であれば、どこにでも記述できます。

　ドメインモデルでは年齢クラスとして「年齢」という関心事を整理します。年齢を計算するロジックの置き場所は、年齢クラスだけです。年齢クラスのメソッドは、生年月日から年齢を算出するロジックだけとは限りま

せん。大人料金と子供料金を適用するために、年齢で大人か子供を判断するロジックも年齢クラスに置けそうです。

　このようにドメインモデルでは、年齢に関するさまざまなロジックが年齢クラスに集まりやすくなります。業務の関心事ごとに対応するクラスを作成し、その関心事に関連するデータとロジックをそのクラスに集めて整理することを繰り返すことで、さまざまな業務ロジックの置き場所が明確になります。

　一方、データモデルでは、生年月日をもとに年齢を計算したり年齢別の業務ルールを適用するロジックを書く場所があいまいです。データクラスを参照できるクラスであれば、どのクラスにも書けてしまうからです。年齢計算や年齢判断のロジックが異なる機能クラスに重複したり、プレゼンテーション層に漏れ出します。

　業務ロジックが単純であれば、このアプローチの違いに大きな差はありません。少々の業務ロジックの重複があっても、変更は難しくありません。しかし、条件分岐が増え、判断や計算のロジックが入り組んでくると、オブジェクト指向でロジックを整理した場合のメリットが明確になります。

　年齢に関するロジックは、年齢クラスだけに書かれています。大人と子供の判定ロジックを変えるために、プログラムのほかの場所を調べる必要はありませんし、判定ロジックを変更しても、年齢クラスを使うほかのクラスには影響が波及しません。

　オブジェクト指向で設計するドメインモデルは、手続き型のプログラムにありがちな、業務ロジックが散在し重複する問題を解決する工夫です。

第4章　ドメインモデルの考え方で設計する　　103

ドメインモデルを
どうやって作っていくか

　ドメインモデルは業務アプリケーションの変更を楽に安全にする工夫です。しかし、オブジェクト指向の経験が浅く、対象業務（ドメイン）の知識が貧弱な状態でドメインモデルの設計に取り組もうとしても、どこからどう手を付けてよいかわかりません。試行錯誤をしても苦労するばかりで成果も上がりません。その結果、「ドメインモデルはわからない」とか「やってもうまくいかない」、という結論になりかねません。

　初めてドメインモデルに取り組むときに、どこから手を付けるのがよいでしょうか。業務の重要な関心事を特定し、それをドメインオブジェクトとして表現するやり方の基本は何でしょうか。具体的に考えてみましょう。

■ 部分を作りながら全体を組み立てていく

　ドメインモデルとデータモデルでは、その分析と設計のやり方が異なります。

　ドメインモデルは、オブジェクト単位でプログラムを整理する技法です。業務データとその業務データを使う判断／加工／計算の業務ロジックを「オブジェクト」として扱うためのクラスが、基本のプログラミング単位です。

　それに対して、データモデルはどのようなデータを扱うことが業務上必要かを整理することと、データを使った判断／加工／計算のロジックを記述する機能の設計を別々に進めます。

　小さなプログラムであれば、どちらの方法でもあまり違いがありません。しかし、プログラムの規模が大きくなり、業務ロジックが複雑に入り組んでくると状況が変わります。データの種類が増え、そのデータを使った膨

大な判断／加工／計算のロジックが存在する場合、その複雑さに対応するために、オブジェクト指向と手続き型ではアプローチが異なります。

　複雑な全体を一度に考えるのはかんたんではありません。かんたんにするために、全体を小さい単位に分けて対応します。大きく複雑な全体を、どのように小さい単位の構造に持ち込むかの発想がオブジェクト指向と手続き型では正反対なのです。

●手続き型のアプローチ

　手続き型の設計では、全体を俯瞰し定義するところからスタートします。段階的に分割をしながら、より詳細に定義を進めます。そのときに、分割を同じレベルで進めることを重視します。初期の段階ではすべての粒度が大きく、中間地点ではすべての要素が中くらいの粒度になります。最終的に、すべてをプログラミング可能な小さい粒度で定義します。

　いわゆるトップダウンのアプローチです。分割のそれぞれの段階で全体的な網羅性や整合性を確認しながら詳細化をしていくやり方です。

●オブジェクト指向のアプローチ

　これに対して、オブジェクト指向は、部分に注目します。個々の部品を作り始め、それを組み合わせながら、段階的に全体を作っていきます。ボトムアップのアプローチです。

　全体を定義し、網羅性や整合性を重視しながら部分を設計していくトップダウンのアプローチは、データとロジックを一緒に考えるオブジェクト指向のやり方ではうまくいきません。全体を俯瞰し、段階的に分解していくのはそれだけでも大変な作業です。そのうえデータとロジックの詳細まで一緒に考えるのは負担が大きく非効率です。

　どうしても全体から部分に分割していきたいのであれば、データはデータ、機能は機能に分けて段階的に分割していくほうが、まだやりやすいでしょう。

　一方、部分から全体を組み立てていくボトムアップのアプローチであれば、データとロジックを一緒に考えることはむしろ自然です。ある部分に注目して、その部分に必要なデータとそのデータを使った判断／加工／計

算のロジックだけに範囲を限定すれば、データとロジックを一緒に考え、そのままクラスとして設計することは難しいことではありません。

そうやって部分に注目してデータと業務ロジックを一体にした小さな部品（ドメインオブジェクト）を設計しながら、全体を組み立ていくのがオブジェクト指向のやり方です。

■ 全体と部分を行ったり来たりしながら作っていく

部分に注目するボトムアップ型のオブジェクト指向のアプローチでも、もちろん全体を意識して開発します。全体像を無視して、どこでもいいから、とにかく細部から手をつけるわけではありません。部分だけに目を向けていると、全体としてはまちがった方向に進む危険があります。そうならないために、全体的な俯瞰をいつも意識します。

全体を俯瞰する道具としては以下の2つがあります。

・パッケージ図
・業務フロー図

● パッケージ図

パッケージ図は、個々のクラスを隠ぺいし、パッケージ単位で全体の構造を俯瞰する手段です。業務の理解が深まり、実装されたクラスが増えるにしたがい、パッケージの構成や名前を改善していきます。分析の初期の段階は、クラス単位で考えるよりも、業務ロジックのおおよその置き場所をパッケージとして割り振ってみます。

パッケージ図はパッケージ間の依存関係を表現できます。業務アプリケーションの場合、パッケージの依存関係は業務の前後関係と一致します。

図4-3 パッケージ図と依存関係

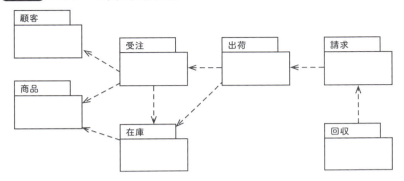

　パッケージ図の矢印の方向は、オブジェクトを参照する方向です。図4-3では、受注オブジェクトは顧客オブジェクトと商品オブジェクトと在庫オブジェクトを参照します。

　これは、業務の流れの時間軸を逆にたどった関係です。業務フローの最初に登場するオブジェクトは、あとから登場する（発生する）オブジェクトを知ることがありません。業務の進行に伴ってあとから登場するオブジェクトが先行するオブジェクトを参照します。

　このように、業務の流れに沿った時間軸が、オブジェクト間の関係になります。

　パッケージ間の参照関係は、次に説明する業務フロー図を描きながら業務の流れの中の前後関係として確認します。

●業務フロー図

　業務のさまざまな活動を、時間軸に沿って図示したものが業務フロー図です。業務フロー図には、顧客／販売部門／出荷部門／経理部門など、活動の主体ごとにレーンを並べて、それぞれの間での情報のやりとりなどを明らかにします。クラスの候補を見つけるときに、業務の流れに沿って登場するオブジェクトとして発見できます。

図4-4 業務の流れ（業務フロー図）

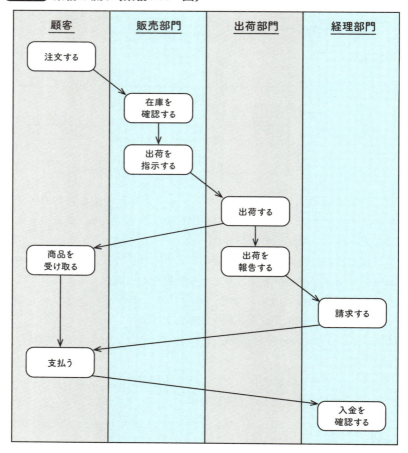

■ 重要な部分から作っていく

　全体を俯瞰したら、今度は重要な部分を探します。重要な部分が業務的にわかりにくい場合は、あまり重要でなさそうな部分をいったん除外しながら、重要な部分の候補を見つけていきます。そうやって業務的に重要な関心事であると判断できた部分から、その部分を実現するためのデータと

ロジックを考えながらクラスを設計し実装してみます。

重要な部分とは、まちがいなく必要になる部分です。重要だと判断できた段階で、実際に作ってしまうのです。オブジェクトは、独立性の高いプログラムの部品です。データと関連するロジックがひとかたまりになっているので、単体として動作しテストができます。

このように、独立したプログラミング単位であるドメインオブジェクトを、重要な順に開発を進めていくのがドメインモデルを開発する基本のやり方です。

詳細をきちんと理解できていない初期の段階で、重要な部分を正しく特定できるのか、という疑問を持つかもしれません。

もちろん、初期に重要と考えていた部分よりも、もっと重要な部分があとから見つかることはあります。しかし、その場合でも、先行して開発したドメインオブジェクトが無駄になることは経験的にはほとんどありません。重要度の順番の入れ替えはあっても、必要かどうかという点で、判断がまちがっていることはまずありません。初期の段階で重要度やクラスの候補のとらえ方に多少のまちがいがあっても、大きな手戻りや作業のムダは発生しません。

修正や拡張を楽で安全にするのがオブジェクト指向で設計する狙いです。ドメインモデルの設計も、早い段階から重要な部分にあたりをつけ、どんどん具体的にドメインオブジェクトを設計し、実装していきます。そして、修正や拡張を繰り返しながら、ドメインモデルを充実させていくのがオブジェクト指向らしい開発の進め方です。

■ 独立した部品を組み合わせて機能を実現する

ドメインモデルは、業務アプリケーションの部品となるドメインオブジェクトを集めて整理した部品の倉庫です。業務機能を実現するためには、ドメインオブジェクトを、部品倉庫であるドメインモデルから取り出して組み合わせます。

ドメインオブジェクトを組み合わせて、業務の機能を実現するのは第5章で説明するアプリケーション層のクラスの役割です。ドメインオブジェ

第4章 ドメインモデルの考え方で設計する　109

クトの役割は、業務で扱うデータとそれを使った判断／加工／計算するロジックを小さな単位に整理することです。

　ドメインモデルを部品単位で開発を進めることができる理由のひとつは、業務機能の実現（部品の組み立て）と、部品であるドメインオブジェクトの設計を分けて考えるからです。

　ドメインオブジェクトを部品として独立性を高めることは、ドメインモデルの変更を楽で安全にします。

　新たなドメインオブジェクトをドメインモデルに追加しても、独立しているので、既存のドメインオブジェクトの修正が必要になることはありません。

　あるドメインオブジェクトのクラスを修正しても、ほかのドメインオブジェクトに影響は及びません。

　ドメインモデルは独立性の高い部品（ドメインオブジェクト）の集合です。重要な部品から先行して作り始めても、独立性が高ければ、あとから多くの手戻りが発生したり、広い範囲を修正しなければならないようなことは起きにくいのです。

■ ドメインオブジェクトを機能の一部として設計しない

　プログラムを開発するときに機能を中心に考え、機能を分解しながらプログラム部品を作っていくと、一つひとつの部品は、機能の分解構造に依存します。つまり、上位の機能部品と、それを分解して定義した下位の機能部品はかんたんに切り離せなくなります。

　また、機能中心にプログラムを書いていくと、プログラムの構造が、処理の順番に依存します。複雑な処理を小さな処理単位に分割したときに、それぞれの部品の前後関係に強く依存しがちです。処理の前後関係に依存した部品を組み合わせたプログラムは、何か変更があった時に、その前後関係への依存によって変更の影響範囲が広がります。

　ドメインモデルを構成する個々のドメインオブジェクトの設計では、こういう機能の分解構造や時間的な依存関係を持ち込まないようにします。

特定の機能や処理の順番からは独立させて、単体で動作確認ができる独立性の高い部品として開発します。

　どうやって機能を実現するかに注目するのではなく、ある特定の業務のデータとそのデータを使った判断／加工／計算の業務ロジックだけを切り出した独立したオブジェクトを作ります。

　たとえば、消費税クラスは消費税率と税額計算や端数の丸めのロジックをまとめた独立した部品として開発します。消費税クラスのオブジェクトが、どの業務機能のどこで使われるかがはっきりしなくても、設計し開発が可能です。

ドメインオブジェクトの
見つけ方

■ 重要な関心事や関係性に注目する

　業務に必要なすべてのドメインオブジェクトを、最初から網羅的に見つけることはできません。ドメインモデルに本来あるべき部品が足りないことは、機能を組み立てていく過程で明らかになります。そのように、不足しているドメインオブジェクトを見つけながらドメインモデルに追加していくのが、ドメインモデルで業務アプリケーションを設計していくやり方です。

　業務アプリケーションは対象とする業務データの種類が多く、そのデータを使ったさまざまな判断／加工／計算の業務ロジックをプログラムで実現するためには、多くの業務知識が必要です。

　そのときに、やみくもに手を出すのではなく、業務の重要な関心事とそれほど重要でない関心事を区別して、重要な関心事から手を付けていきます。また、業務知識は、容易に理解できる内容もありますが、ほんとうに役に立つ情報は表面には現れていないことが多いものです。

　アプリケーション全体を設計するために大量の業務知識を相手にして、重要な点とそうでない点を判別し、表面的には理解しにくい背後にある重要な関係性や構造を発見していくにはどうすればよいでしょうか。

■ 業務の関心事を分類してみる

　オブジェクト指向の登場以前から、業務を分析し理解するために、さまざまな技法やパターンが提案されてきました。

　その中のひとつに、業務の関心事を**ヒト**／**モノ**／**コト**の３つに分類す

る方法があります。この分類は、業務のとらえ方としてわかりやすく、また実際に役に立つことが広く認められています。

オブジェクト指向で対象業務にアプローチするドメインモデルの場合も、このヒト／モノ／コトの分類が業務知識の整理の枠組みになります。

表　業務の関心事の3分類

分類	例
ヒト	個人、企業、担当者、など
モノ	商品、サービス、店舗、場所、権利、義務、など
コト	予約、注文、支払、出荷、キャンセル、など

●ヒト

業務活動の当事者です。意思があり、判断をし、行動する主体です。

ヒトという関心事に対応するドメインオブジェクトは、ヒトの意思／判断／行動についてのデータを持ち、そのデータを使った判断／加工／計算のロジックを持ちます。

●モノ

ヒトが業務を遂行するときの関心の対象です。物理的なモノだけでなく、権利や義務のように概念的に認識している対象もモノです。

モノに対する関心事を表現する属性には次のようなものがあります。

・数量、金額、率
・説明、注釈
・状態
・日月や期間
・位置

モノを表現するオブジェクトは、これらの属性を表現するデータと、そ

のデータに対して業務的にどういう判断／加工／計算をしたいかをロジックとして持ちます。

●コト

業務活動ではさまざまなコト（事象）が起こります。

そして、業務的に起きてほしいコトがあり、起きてはいけないコトがあります。業務アプリケーションの基本的な関心事は、コトを記録し、コトの発生を通知することです。

コトは基本的にヒトの意思決定や行動の結果です。コトを表現するオブジェクトが持つ一般的な属性は次のとおりです。

表　コトの基本属性

属性	説明
対象	何についての発生した事象か
種別	どういう種類の事象か
時点	いつ起きた事象か

このような業務的に関心のある事象を適切に記録し管理することが業務アプリケーションの基本です。

その事象が、業務的に起きてよいことなのかの判断や、起きた場合に何をすべきかの判断は、重要な業務の約束ごとです。

コトに注目すると全体の関係を整理しやすい

ヒト／モノ／コトに3分類するだけで、業務知識を整理できるわけではありません。何が重要かを見極め、それぞれの関心事の関係を明らかにしなければいけません。そのためには「コト（事象）」に注目して整理することが効果的です。

業務的に関心のあるコトは、業務の専門家であれば、無意識に一連の事

象を把握しています。業務の流れの中で、何が起きるのが正しく、何が起きたらまずいのかを知っています。

　たとえば、受注するために顧客に見積書を提示し、その内容で受注できたら出荷し、出荷したら請求して、期日までに入金されたコトを確認する。このように仕事の流れを一連のコトの連鎖としてとらえるのは、その分野の実務を知る人には当たり前の知識です。また、このようなコトの連鎖は開発者にとっても具体的で比較的とりつきやすい業務知識です。

　コトに注目することで次の関係も明らかになります。

- **コトはヒトとモノとの関係として出現する（だれの何についての行動か）**
- **コトは時間軸に沿って明確な前後関係を持つ**

　コトに注目すると、ヒト／モノ／コトのこんがらがった関係を具体的に整理する糸口が見つかりやすいのです。

　コトを中心に業務アプリケーションが何をすべきかを整理していくと、その事象に関係するヒトやモノについての関心事を特定しやすくなります。ある事象が起きたときの業務アプリケーションが必要とするデータやロジックについても、範囲を限定でき、関係も把握しやすいのです。

　また、コトは時系列に整理がしやすいため、全体の基本的な流れや、重要な前後関係が明確になります。

　一方、ヒトやモノに注目すると発散しがちです。ヒトはさまざまな業務の当事者として登場します。ヒトに関連するデータと業務ロジックをすべて調べ上げるのはかんたんな作業ではありません。調べ上げたとしても、業務の基本の流れや、全体の中の重要な関連性が、膨大な情報の中に埋もれてしまいがちです。

　モノについても同様です。モノを表現する属性は多岐にわたります。しかし、その属性をすべて調べ上げても、なかなか業務の要点は見えてきません。

第4章　ドメインモデルの考え方で設計する　115

■ コトは業務ルールの宝庫

コトは、単純な出来事ではありません。背後にさまざまな業務ルールが隠されています。開発者がこの背後の隠された業務知識を的確に理解すればするほど、ドメインモデルは、業務の知識を正確に反映した、役に立つ業務アプリケーションの基盤になります。

では、業務の流れの背後に潜んでいる業務ルールを理解するためには、どうすればよいでしょうか。

販売活動を例に時間軸に沿った一連の出来事の発生と、それぞれの出来事とヒト／モノの関係を考えてみましょう。

・受注
・出荷
・請求
・入金

販売管理アプリケーションは、これらの順番に発生する出来事（業務の流れ）を適切に進めるための道具です。受注という出来事を起点に、出荷が起きるように出荷指示をし、出荷が起きたら請求書を発行し、入金されたらそれを記録して1つの業務サイクルが完結します。

この4つのコトの中で、受注は他のコトと比較すると異なる特徴が2つあります。

・**発生源が外部のヒトである**
・**将来についての約束である**

この2点が、コトを軸にした業務ルールを把握するための要点になります。

受注は、買い手が注文をし、売り手が同意することで成り立ちます。つまり、買い手という外部のヒトと、売り手という内部のヒトの二者の合意

です。法律的には「売買契約の成立」という出来事です。

　また、将来についての約束というのは、受注により売り手は商品の出荷を約束し、買い手は代金の支払いを約束することです。

　この売り手と買い手の間に成立した約束を適切に記録し、実行を追跡し、約束どおりに完了させることが、販売管理アプリケーションの基本目的です。

▌ 何でも約束してよいわけではない

　受注は約束です。ビジネスを進めるうえで、できないことを約束したり、自社の不利益になる約束をしてはいけません。受注というコトが発生したときには、内容が妥当であることを確認しなければいけません。

- **在庫はあるか（出荷可能か）**
- **与信限度額を超えていないか**
- **自社の販売方針に違反していないか**
- **相手との事前の決め事（取引基本契約）に違反していないか**
         :

　この妥当性を確認するために、注文数量や受注金額についての判断／加工／計算の業務ロジックが必要です。このデータとロジックの置き場所がドメインオブジェクトです。

　また、受注の妥当性についての業務ルールは、以下のような複雑さを持っています。

- **約束の相手がだれかによって、約束してよい範囲が異なる**
- **どの商品についての約束かによって、金額や納期が異なる**
- **どのタイミングの約束かによって、金額や納期が異なる**

　また、注文内容が適切でなかった場合に、どのような行動を起こすべきかも重要なビジネスの決め事です。この場合も、相手や商品や時期によっ

第4章　ドメインモデルの考え方で設計する　　117

て異なるルールがありえます。

このようにさまざまな妥当性のルールを特定したら、そのルールを実現するデータとロジックの組み合わせを考えます。

数量に関する業務ロジックは、数量クラスにまとめることができそうです。数量が個数単位と箱単位での扱いが必要なら、数量単位クラスを追加します。いくつまで受注してよいかを判断するロジックを販売可能数量クラスが持つ、というような設計の可能性もあります。そして、これらの数量関連のクラスを数量パッケージにまとめます。

数量パッケージは受注機能の一部ではありません。「数量」という狭い関心事に焦点を当て、その部分だけを独立させて、業務ロジックを整理したものです。

図4-5 数量パッケージ

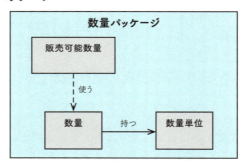

ドメインモデルの設計のアプローチは、まず部品を特定し、その部品ごとに独立したクラスを設計することです。受注時のルールすべてを扱う大きなクラスは、考えないようにします。数量パッケージと同じように、与信パッケージや基本契約パッケージについても独立して設計します。

そうやって、ある程度の部品がそろってきたら、組み合わせ方を考えます。組み合わせてみながら、個々の部品を調整したり、不足している部品を追加することで、受注ルールに網羅できるだけのドメインオブジェクトが整っていきます。

期待されるコト、期待されていないコト

　注文（売買契約）は売り手と買い手の双方向の約束です。約束は誠実に実行しなければいけません。約束の実行を支援し、監視するのが業務アプリケーションの基本機能です。

　約束した受注という「コト」の発生を起点として、以降に発生するコトについて、次の判断や行動に関するルールが存在します。

- **・期待されたとおりの内容か判断する**
- **・期待されていた場合の次のアクション**
- **・期待されていなかった場合のアクション**

　出荷する約束をまちがいなく実行するために、受注したら出荷指示を出し、出荷指示が実行されたことを記録します。商品10個の注文について、約束した期日までに5個しか出荷できなかったら、これは期待された結果ではありません。残りの5個についてどのように対応するのか、一定の取り決めが必要です。

● 実行されなかったことの検知と対応

　約束どおりに実行されなかったことの検知には、以下が必要です。

- **・予定を記録する**
- **・実績を記録する**
- **・差異を判定する**

　約束したこと（予定）を記録し、実行したこと（実績）を記録します。そして、適切なタイミングで、予定と実績の差異を算出します。

　差異が見つかった場合、一定の決め事にしたがって通知などを行います。

　このような業務のルールを実現するためのクラスの候補は、予定クラス、実績クラス、差異クラスなどです。

第4章　ドメインモデルの考え方で設計する　119

図4-6 予定、実績、差異

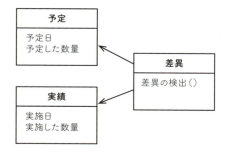

差異を検出するロジックは、差異クラスに置くとよさそうです。予定クラスは、予定の変更などを吸収して、現在の有効な約束を表現する役割です。実績は、分割した出荷などを合算した、現時点の実績を表現する役割です。

差異があった場合のアクションは、差異の程度によって異なるアクションが必要になりそうです。

● **取り決めのないときの取り決め**

より深い業務知識として、取り決めがなかったケースが実際に起きた場合の対応ルールがあります。

業務アプリケーションにどこまで実装するかは別として、以下の点は心に留めておくと、業務ルールの発見や理解に役に立ちます。

・**業務では必ず想定外のことが起きる**
・**想定外のコトが起きたときに、どう対応するかの原則がある**

多くの場合は、適切な関係部署に想定外のコトが起きたことを通知して、対応自体は、業務担当者にまかせることになります。

この場合、想定外のコトが起きたことを記録して、その想定外のコトの対応が終わったかどうかを追跡したり、差異データを修正できる機能が役に立つかもしれません。

■ 業務ルールの記述　〜手続き型とオブジェクト指向の違い

　プログラムを書く視点からは、業務ルールの実体は以下の判断ロジックです。

- **数値の一致や大小比較**
- **日付の一致や前後比較**
- **文字列の一致／不一致の判定**

　膨大な業務ルールを整理して定義していけば、数値／日付／文字列という基本データ型に対する判断ロジックになります。

　そして、true だった場合のアクション、false だった場合のアクションが存在します。膨大で複雑な業務ルールも、その最小の構成単位は、if 文の判定と場合ごとのアクションに分解できます。

　手続き型の場合は、データクラスを受け取った機能クラスで、if 文／switch 文を使って必要な条件判断と分岐を実行します。条件の組み合わせは、基本的に if 文の入れ子構造になります。これがトランザクションスクリプトと呼ばれる手続き型の業務ルールの記述方法です。

　オブジェクト指向の場合は、判断のもとになるデータとロジックごとにオブジェクトを生成します。それぞれのオブジェクトは自分で判断ができます。判断結果によって何をすべきかの情報を持つことができます。

　たとえば、数量を持ったオブジェクトに、その数量が妥当かどうか判断させます。妥当でなかった場合に、最大の許容量を返すという業務知識も持たせます。あるいは、期日データを持ったオブジェクトに、日付が妥当かどうかを判断させます。

　こうやって、さまざまな判断を担当するドメインオブジェクトを用意したうえで、適切に組み合わせて判断するのがオブジェクト指向のアプローチです。if 文の入れ子構造にはなりません。

●業務ルールの追加や変更への対応

このアプローチの違いによって、業務ルールの追加や変更が発生した際に、どのようにプログラミングしていくかの違いが生まれます。

手続き型のトランザクションスクリプトでは、新しいルールを追加するには、もともとの if 文の分岐構造に新たな分岐を追加します。業務ルールが増えるほど、分岐構造が複雑になります。また、同じデータを受け取る可能性がある別のトランザクションスクリプトにも同じような分岐の追加が必要かもしれません。変更が、どんどんやっかいで危険になります。

オブジェクト指向のドメインモデルでは、新たなルールの追加は、ルールの判断のもとになるデータを持つオブジェクトの判断ロジックを追加します。1つのドメインオブジェクトが持つデータはたいていの場合1つか2つです。そういう少ないデータに関連するロジックだけですから、変更は単純になり、楽で安全になります。変更の影響範囲も、そのクラスに閉じ込めやすくなります。

業務の関心事の基本パターンを覚えておく

ドメインモデルで開発しても トランザクションスクリプトになりがち

　オブジェクト指向で業務ロジックを整理していても、外部のイベントに応答する入り口になるアプリケーション層のクラスにはif文を使った業務的な判断ロジックが増えがちです。

　開発の過程では、ドメインオブジェクトとして部品がまだ用意できていなかったり、既存のドメインオブジェクトだけでは、必要な判断／加工／計算ができないときがあります。そういうとき、アプリケーション層のクラスに「ちょっとしたif文」を書くほうが、ドメインオブジェクトを追加したり、修正するよりも、手っ取り早いことが少なくありません。

　しかし、この「ちょっとしたif文」の追加は、変更を楽に安全にするためには、まちがった方向です。どこに書くのかをかんたんに判断できなかったロジックが、じわじわとアプリケーション層のクラスに増殖していきます。そして、しだいにif文が複雑化し、異なるクラスに業務ロジックを書いたコードの重複が起きます。結局、ドメインモデル方式を採用しているはずなのに、アプリケーション層のクラスが手続き型のトランザクションスクリプトになってしまいます。

　では、トランザクションスクリプトに陥らないために、どのようなことに気をつければよいでしょうか。

業務ルールを記述するドメインオブジェクトの基本パターン

　トランザクションスクリプトに陥るのは、どういうドメインオブジェク

第4章　ドメインモデルの考え方で設計する　123

トがあればプログラムを楽に書けるか、というイメージが持てないためで
す。書き方がよくわからない状態で、ドメインオブジェクトを設計しよう
としても、時間がかかるばかりです。

　その時間を省くには、ドメインオブジェクトの設計パターンを体で覚え
てしまうことです。ドメインオブジェクトを使って、プログラムがすっき
り書けた、という成功体験があると、似たようなケースに出会ったときに、
自然にドメインオブジェクトのイメージが浮かび、手が先に動くようにな
ります。そうなれば、トランザクションスクリプトで、if 文の入れ子と格
闘することを自然に避けるようになります。

　ドメインオブジェクトの設計パターンといっても、通常の業務アプリ
ケーションを書くために必要なものはそれほど多くありません。

　本書の第 1 章と第 2 章で紹介した以下の 4 つの設計パターンが、ド
メインオブジェクトの基本になります。まず、この 4 つの設計パターンを
理解し、実際に書きながら慣れることが効果的です。

表 　**ドメインオブジェクトの基本の設計パターン**

ドメインオブジェクト	設計パターン
値オブジェクト	数値、日付、文字列をラッピングしてロジックを整理する
コレクションオブジェクト	配列やコレクションをラッピングしてロジックを整理する
区分オブジェクト	区分の定義と区分ごとのロジックを整理する
列挙型の集合操作	状態遷移ルールなどを列挙型の集合として整理する

　この 4 種類のドメインオブジェクトを組み合わせて、次の 4 つの関心
事のパターンに業務ロジックを分類して整理していくと、業務ロジックの
大半が、アプリケーション層ではなく、ドメインモデルに自然に集まるよ
うになります。

表	業務の関心事のパターン

関心事のパターン	業務ロジックの内容
口座（Account）パターン	現在の値（現在高）を表現し、妥当性を管理する
期日（DueDate）パターン	約束の期日と判断を表現する
方針（Policy）パターン	さまざまなルールが複合する、複雑な業務ロジックを表現する
状態（State）パターン	状態と、状態遷移のできる／できないを表現する

　表の最後の、状態（State）パターンのやり方は、第2章の最後で説明しました。ここでは、それ以外の3つのパターンを説明します。

●口座（Account）パターン

　銀行の口座、在庫数量の管理、会計などで使うパターンです。以下のしくみで実現します。

- 関心の対象を「口座」として用意する
- 数値の増減の「予定」を記録する
- 数値の増減の「実績」を記録する
- 現在の口座の「残高」を算出する

　業務的に重要なのは、予定を含めた管理です。

　出荷可能な商品、つまり在庫がある商品だけを販売できる、という業務ルールがあったとします。そのときに、現在の残高だけで出荷の可否を判断してしまうと、現在、在庫がない商品は売ることができません。

　しかし、来週、その商品が入荷予定であることがわかっていれば、その商品を販売できます。

　このような判断を行うためには、たとえば図4-7のようなクラスで構成します。

第4章 ドメインモデルの考え方で設計する　125

図4-7 口座

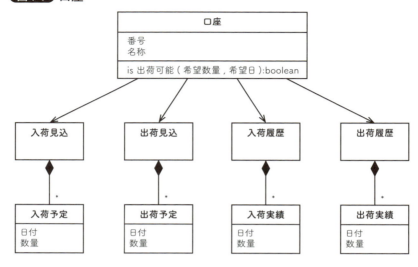

　口座クラスは、入荷と出荷の予定と、入荷と出荷の実績を持ちます。そして、いつの時点で、残高がどのくらいあるかの問い合わせに答えます。

　理論的には、すべての予定と実績データをメモリ上のオブジェクトとして扱うことができます。実際には、データベースの記録や、SQLを使った問い合わせと、メモリ上のオブジェクトが実行するロジックを組み合わせます。

　口座パターンをデータベースと組み合わせて実現する具体例は、第6章であらためて説明します。

●期日（DueDate）パターン

　予定とその実行の管理は、業務アプリケーションの中核の関心事です。

- 約束を実行すべき期限を設定する
- その期限までに約束が適切に実行されることを監視する
- 期限切れの危険性について事前に通知する
- 期限までに実行されなかったことを検知する

・期限切れの程度を判断する

このような業務ロジックは、java.time パッケージの LocalDate クラス／ Period クラスなどを使った日付を扱う値オブジェクトで表現します。

リスト 期日の業務ルールを扱うクラス

```
class DueDate {
    LocalDate dueDate;

    boolean isExpired() {
        // 期限切れか？
    }

    boolean isExpiredOn(LocalDate date) {
        // その日は期限切れか？
    }

    int remainingDays() {
        // 期限までの残日数
    }

    AlertType alertPriority() {
        // 期限切れの警告度合いの判定
    }

}
```

DueDate クラスは、期日について汎用的に使いまわす部品ではありません。

出荷期日と支払期日という業務ルールがあった場合には、それぞれ異なる理由により、異なる約束事が存在します。当然、約束が破られたときのルールも別々になります。したがって扱うデータや計算のロジックが似ていても、ShippingDueDate クラスと PaymentDueDate クラスは分けるべきです。ほんとうに共通のロジックは、DueDate クラスを 2 つのクラスから部品として使い、コードを再利用します。

第4章 ドメインモデルの考え方で設計する　　127

コードを重複させないのは、業務ロジックの整理のためです。異なる業務の関心事を、期限切れを扱うクラスという理由だけで共通化してしまうと、それぞれの期日についてのルールが変更になったとき、思わぬ副作用が起きやすくなります。

1つのクラスの中で、出荷期日に関するルールと支払期日に関するルールをif文で書き分けるような設計をしてしまうと、どこに何が書いてあるかの見通しが急速に悪化します。また、ある業務についての変更が、本来はまったく関係のない業務機能に影響が波及する危険が増えます。

●方針（Policy）パターン

業務ルールは多くの場合、複合しています。複合したルールを扱うためにはどうすればよいでしょうか。

ひとつの方法は、ルールの集合を持ったコレクションオブジェクトを作ることです。

リスト ルールの集合を扱う

```
class Policy {

    Set<Rule> rules;

    boolean complyWithAll(Value value) {
        for(Rule each : rules ) {
            if(each.ng(value)) return false;
        }
        return true;   // すべてのルールに適合
    }

    boolean complyWithSome(Value value) {
        for(Rule each : rules ) {
            if(each.ok(value) return true;
        }
        return false; // どのルールにも適合しない
    }

    void addRule(Rule rule) {
```

128

```
            rules.add(rule);
        }
    }

    interface Rule {
        boolean ok(Value value) ;

        default boolean ng(Value value) {
            return ! ok( value );
        }
    }
```

　一つひとつのルールごとに、Rule インターフェースを持ったオブジェ
クトを作ります。そして、ルールの集合に対してすべての条件が一致する
とか、1つはルールに一致する、などの判定を Policy クラスに任せます。
　Java 8 から導入された Predicate インターフェースを使うと、AND ／
OR ／ NOT の論理演算を組み合わせた true ／ false の判定ができます。ルー
ルの集合をコレクションとして扱ったり、論理演算の記述に Predicate を
使うことで、複雑な組み合わせのルールを見通しよく記述できます。

ドメインオブジェクトの設計を
段階的に改善する

■ 組み合わせて確認しながら改良する

　開発を進めていくうちに、基本パターンを単純に適用しただけの初期の
ドメインオブジェクトでは、部品として使い勝手がよくないことに気がつ
くことがあります。

　使いにくい部品を無理やり使うと、その部品を使う側のクラスのコード
が不要に複雑になります。あとから読んだときに意味がわかりにくく、変
更が大変になりがちです。

　ドメインオブジェクトは一度作って動けば完成ではありません。実際に
アプリケーションの部品として使ってみて、部品としての使い勝手を確認
しながら、改善を続けます。改善を続けることで、プログラム全体のわか
りやすさと変更の容易性をさらに向上できます。

　組み合わせながら改善するポイントは次の3つです。

・**クラス名やメソッド名の変更**
・**ロジックの移動**
・**取りまとめ役のクラスの導入**

　それぞれについて具体的に考えてみましょう。

●クラス名やメソッド名の変更

　最初は妥当だと思ったクラス名やメソッド名も、ほかのオブジェクトか
ら実際に使ってみると、収まりが悪いことがあります。

　その場合は、クラス名やメソッド名を変更して、より自然に使える部品

に改良します。使う側のコードがわかりやすくなるようにクラス名やメソッド名を改善することで、コードを読みやすく保ち、どこに何が書いてあるかを特定しやすくなります。

また、同じような名前が出てきたり、名前の抽象度のばらつきに気がつくこともあります。この場合も、意図の違いがより明確になる名前に変えたり、抽象度をそろえる名前に変えることで、全体の見通しが良くなります。

●ロジックの移動

ドメインオブジェクトは、仕事を任せるための部品です。ドメインオブジェクトを使っているのに、使う側のコードがごちゃごちゃしてきたら、それは部品側にロジックを移動すべき明らかな兆候です。

本来その部品がやるべき判断／加工／計算といった仕事を、部品を使う側のクラスに書き始めると、その部品を使うほかの場所に同じコードが重複する危険性が高くなります。コードの重複を防ぎ、変更をやりやすく保つためには、部品側にロジックを移動し、より多くの仕事をさせるべきです。

いったん動かすために使う側にロジックを追加することは問題ありませんが、動作が確認できたら部品側にロジックを移動することを検討します。

ドメインオブジェクトを使う側のコードがシンプルになるようにドメインオブジェクトの改良を続けるのが、良いドメインオブジェクトを増やし、使う側のプログラムをわかりやすく保つ確実なやり方です。

●取りまとめ役のクラスの導入

ドメインオブジェクトの最小単位は、1つの数値／日付／文字列をラッピングした**値オブジェクト**です。また、第1章で説明したコレクションオブジェクトや、第2章で説明した区分オブジェクトも基本のドメインオブジェクトです。

しかし、値オブジェクト、コレクションオブジェクト、区分オブジェクトは、業務の関心事の粒度としては少し小さすぎます。

業務の主たる関心事はもう少しまとまった単位です。たとえば住所です。

第4章 ドメインモデルの考え方で設計する　131

値オブジェクトとしては、郵便番号クラス、市区町村クラス、街区クラス、番地クラスなどに分けることはできます。しかし、業務の主たる関心事は、それらを組み合わせた住所クラスです。

リスト　住所クラス

```
class Address {
    PostalCode code;
    City city;
    Street street;
    Block block;

    String[] asText() { ... }
}
```

最初は、より大きな関心事のクラスから出発して、開発が進むにつれて段階的に部品クラスが増えていくこともよくあります。

たとえば、顧客番号と氏名だけだった顧客クラスに、住所クラスと連絡先クラスが増えるパターンです。

リスト　段階的に部品クラスが増えるパターン

```
class Customer {
    CustomerNumber number;
    PersonName name;
}
```

```
class Customer {
    CustomerNumber number;
    PersonName name;

    ContactMethod contact;
    Address address;
}
```

住所クラスのように、最小単位のドメインオブジェクトをいくつか組み合わせたクラスが、業務の主たる関心事になります。

　小さなドメインオブジェクトを組みわせたクラスは、その組み合わせ方を改善することで、ドメインモデルが洗練され、業務の関心事をより適切に表現できるようになります。

　業務の関心事を的確に表現できれば、どこに何が書いてあるかわかりやすくなり、変更が楽で安全になるのです。

　オブジェクト指向の開発は、全体を俯瞰しながら必要な部品の候補を見つけ、その部品を使ってどうやって全体を組み立てていくかを考えながら開発していく手法です。

　ドメインモデルは部品倉庫です。ドメインオブジェクトを整理して集めてあるだけです。ドメインオブジェクトだけでは、役に立つソフトウェアにはなりません。

　ドメインモデルにそろえた部品を組み合わせて役に立つ機能を実現するのがアプリケーション層の役割です（アプリケーション層のクラス設計は次の第5章で説明します）。

　ここでは、ドメインモデルの開発とは、小さな独立性の高いドメインオブジェクトをそろえていく活動だと理解しておいてください。これが理解できれば、ドメインモデルの設計はそれほど難しいことではありません。関心事を小さな単位に分けて、その狭い範囲で必要なデータとロジックを集めることを繰り返せばよいのです。

業務の言葉をコードと一致させると変更が楽になる

　役に立つドメインオブジェクトは、クラス名やメソッド名がそのまま業務の言葉と一致します。

　そういうドメインオブジェクトを設計するためには、開発者はさまざまな業務知識を学び、自分の頭で業務を理解することが必要です。開発者の業務知識が貧弱なまま設計したドメインオブジェクトは、的はずれなものになります。表面的には要求を満たしているように見えても、根本的な欠陥や構造的な誤りを作り込んでいる可能性が高くなります。

第4章　ドメインモデルの考え方で設計する　　133

ちょっとした業務ルールの変更が難しく危険になるのは、開発者に業務知識が不足したまま設計されたドメインオブジェクトです。

　ドメインオブジェクトは、そのソフトウェアが使われる分野（ドメイン）の業務活動を理解し、動くプログラムとして記述したものです。パッケージ名／クラス名／メソッド名／変数名は、業務の用語と一致します。

　コードに登場する名前やプログラムの構造が業務の関心事と直接的に対応しているほど、ソフトウェアの変更は楽で安全になります。

- **クラス名が問題領域の関心事の用語と一致している**
- **メソッド名が利用者が知りたいこと／やってほしいことと一致している**

　ドメインモデルを構成するオブジェクトをこのように設計することで、ソフトウェアの変更はやりやすくなります。それは以下の理由からです。

- **どこに何が書いてあるか特定しやすい**
- **変更の対象のクラスが、変更の要求の範囲と一致している**
- **変更の影響するソフトウェアの範囲が、変更が関連する業務の範囲と一致する**

　また、業務の関心事をプログラミング言語で記述することで、プログラムの側から、問題領域を深く理解する手がかりが見つかることがあります。

- **同じことを複数の業務用語で表現しているあいまい性**
- **1つの業務用語が使う文脈で異なる意図を持つあいまい性**
- **業務ルール間の矛盾の発見**
- **込み入った微妙な関心事の整理の軸**

　業務の用語は論理的に整理されているとは限りません。むしろ、矛盾や不整合の上に微妙なバランスで成り立っていることがほとんどです。

　人間同士であれば、そのような矛盾や不整合を状況に合わせて無意識に対応できます。しかし、プログラミング言語で記述する場合、矛盾や不整

合がそのままでは、アプリケーションをうまく動かすことができません。

　そういう矛盾や不整合は、プログラミングの過程で発見できることがあります。その発見は、業務用語をより論理的に整理し、ソフトウェアをよりわかりやすく記述する重要な手がかりになります。

■ 業務を学びながらドメインモデルを成長させていく

　開発の初期の段階では、開発者はドメインオブジェクトを設計するだけの業務知識を持っていません。用語の意味があいまいだったり、重要な用語を見落としています。用語と用語の関係を正しく把握できていません。

　そのような段階でも、理解した範囲で実際にクラスを設計し、実装してみることが大切です。業務の用語とうまく対応しないクラスは、業務の分析や理解が足りないことを示します。用語の意味やほかの用語との関係を確認しながら、より適切なクラスの候補を探します。

　従来のやり方だと、まず要件を理解するための分析を行い、要求仕様としてドキュメントにまとめます。そして分析ドキュメントの作成が一段落してから設計をはじめ、設計が固まったらコードを書き始めるというスタイルです。しかし、これは業務の関心事とプログラムの構造を一致させるためには良いアプローチではありません。

　分析して得た知識や理解は、さまざまな形式で表現ができます。クラス図で表現できるし、文書でも表現できます。そして、分析結果はプログラミング言語でも表現できます。

　業務を分析しながら得た業務用語や言い回しは、そのままパッケージ名／クラス名／メソッド名／変数名になります。業務要件の説明としてもわかりやすく、プログラムの設計としても自然な名前を見つけることが、ドメインモデルの設計の目標です。

　このようにソースコードで業務の要求仕様を表現することをプログラムの**自己文書化**と呼びます。クラス名とメソッド名を利用者の関心事と一致させるプログラムの自己文書化によって、プログラムの意図が明確になり、どこに何が書いてあるかわかりやすくなります。自己文書化はプログラムの変更を容易にする工夫です。ソースコードが業務要件を説明していれば、

第4章　ドメインモデルの考え方で設計する　　135

変更の対象箇所を特定しやすく、変更の影響する範囲も予測しやすいのです。

　ドメインオブジェクトのクラス名やメソッド名は、業務の関心事と一致します。クラスとクラスの関係はメソッドで渡す引数の型や、メソッドの返す型として相互に関連付けられます。

　要件を理解するために分析中に発見した用語は、そのままクラスの候補です。関連するクラスはパッケージとしてグループ化して名前をつけてみます。パッケージ名も、業務の関心事の表現手段です。業務を理解しながら、クラスやパッケージの候補を見つけたら、実際にコードで書いてみます。そうやって、業務を説明する用語が、そのままクラスやパッケージとして実装できるかどうかを確認しながら分析を進めます。

　業務の知識が増えるたびに、クラスやメソッドの設計が進化します。業務をより深く理解し、業務の全体像の理解がはっきりしてくれば、クラス間の関係やパッケージ構成が洗練されます。

　業務を学びながら、業務知識を増やし、より深く理解していく。そして、その学んだことをコードで表現し、ドメインオブジェクトの設計に反映させていく。それがドメインモデルの設計です。オブジェクト指向では分析と設計は一体となった活動です。業務の知識がほとんどない初期の段階でも、理解を確認するためにかんたんなコードを書いてみます。知識が増えるにつれ、クラスやメソッドの内容が充実していきます。業務にさらに踏み込んで、より深く理解することによってクラスの設計が洗練されていきます。こうやって、業務を学びながら、早い段階から実際にコードを書き、段階的にコードを成長させていくのが、ドメインモデル設計の効果的なやり方です。

業務の理解がドメインモデルを洗練させる

業務知識を取捨選択し、重要な関心事に注力して学ぶ

　ドメインモデルは、開発者が理解している業務知識の広さと深さを反映します。

　開発者が業務知識を広げるほど、ドメインモデルのクラス名やメソッド名は業務を表現する豊かな用語集として育っていきます。

　開発者が業務を深く理解すれにつれ、ドメインモデルの構造が洗練されていきます。業務の核心的な関心事が、ドメインモデルのトップレベルのパッケージ名として登場します。パッケージの単位やクラスの単位が、表面には現れていなかった業務の背景にある構造を反映した内容に洗練されていきます。

　そういう洗練されたドメインモデルを設計するために、ありとあらゆる業務知識が必要なわけではありません。詳細な業務ルールを網羅的に理解することは現実的ではありません。

　開発者がアプリケーションの対象とする業務を効果的に学び、役に立つドメインモデルを設計するための基本は次の2点です。

・重要な言葉とそうでない言葉を判断する
・言葉と言葉の関係性を見つける

　具体的にどうすればよいか見ていきましょう。

第4章　ドメインモデルの考え方で設計する　　137

■ 業務知識の暗黙知を引き出す

業務知識は、その業務を実際に経験している人の頭の中にあります。それは、体系的に整理されたものではなく、感覚的に体で覚えてきた内容が大半です。実際に業務をやっているときには、本人は「業務知識を使っている」という意識をせずに、「自然と体が動く」状態です。専門家になればなるほど、その業務に習熟すればするほど、業務知識は言語化されていない「暗黙知」になっています。

そういう業務の経験者が持っている、言語化されていない業務知識を開発者が知るための手がかりが「言葉」と「会話」です。

業務に習熟した人は、業務知識を言語として体系化しているわけではありません。専門外の人にうまく言葉で説明できないからこそ「専門知識」ということもあります。しかし、そういう業務の専門家と業務について会話をすれば、経験者だけが持つ知識を知る手がかりとなる「言葉」が、いろいろ発見できます。

開発者にとってなじみのない業務領域であれば「聞きなれない」言葉がいろいろ出てきます。あるいは、知っている言葉だが、どうも自分の理解とは違う意味で使われているらしいことが、何となく感じ取れます。

そういう「聞きなれない言葉」、使い方に「違和感」がある言葉こそ、開発者が業務知識を獲得し、業務を理解する重要な手がかりになります。

業務の経験者の言葉はクラス名やメソッド名の候補です。業務に習熟した業務の専門家と会話し、業務用語を習得することが、ドメインモデルを設計する基本の活動です。

■ 言葉をキャッチする

聞きなれない言葉や理解できていない言葉は聞き逃しがちです。あるいは、自分が知っている言葉に無意識に置き換えてしまったり、相手の意図とは異なる意味に勝手に解釈してしまいがちです。

対象業務（ドメイン）を学ぶときには、業務の言葉について自分は「正

しく聞き取れていない」という自覚が大切です。

　言葉をキャッチするコツは、聞いたあとにメモ書きや絵にしてアウトプットしてみて、ほかの人に確認してもらうことです。同じ言葉を聞いていても、人によってキャッチできた言葉や、言葉と言葉の関連付けが異なっていることを可視化できます。

　たとえば、ドメインオブジェクトを設計するときに、次のような方法で言語化をしてみます。

・ホワイトボード（＋写真）
・チャットやメールなどの Q & A
・ディスカッションボード（テーマごとに議論を記録して読み返せるオンラインツール）
・オンラインの To-Do 管理ツール

　最近は、コミュニケーション用のツールを手軽に使うことができます。特に時系列にすべてのメッセージを記録し、あとから検索できるのは、たいへん役に立ちます。こういうツールを使って、自分がドメインについて理解したことを書き出してみます。それを専門家に見てもらって、言葉の使い方が適切かどうか確認してもらいます。

　こういうやりとりをしながら、専門家と同じ意味や言い回しで使える言葉を増やしていきます。

重要な言葉を見極めながらそれをドメインモデルに反映していく

　開発者が業務の用語を適切に発言するようになると、相手の反応が良くなります。

　正しい言葉を使っているのに、相手の反応が良くない場合は、その言葉は、おそらく重要な関心事ではありません。

　重要な言葉をキャッチできていても、正しく理解できていないと、専門家との会話がぎこちなくなります。こちらが発言した際に、相手のけげん

第4章　ドメインモデルの考え方で設計する　139

な雰囲気をキャッチしたら、別の言い方を試してみましょう。単語単位ではなく、言葉と言葉の結びつきが自然になるように言い方を変えていきます。

そうやって業務の経験者にとって自然な言い回しができ、かつ、その内容が業務の重要な関心事であれば、相手の反応が積極的になってきます。

そういう言葉を正しく理解し、業務の文脈で意味が通じるように言葉を組み合わせて語れるようになれば、ドメインモデルの骨格はできたも同然です。その言葉をそのままクラスにし、クラス間の関係を言葉と言葉の関係に対応させれば、ドメインモデルの中核が形になっていきます。

■ 形式的な資料はかえって危険

形式的に議事録やドキュメントを整えることは危険です。形式的なドキュメントを大量に作っているときには「思考停止」が始まっています。何が重要で何が重要でないかの判断をしなくなります。表面的に形式が整っていることで、理解ができていると勘違いしがちです。

形式的なドキュメントを大量に作るよりも、重要な言葉が何で、骨格となる関係は何かを判断することに時間とエネルギーを使ったほうが、大きな成果を手に入れることができます。業務を理解するためには、形式的に詳細を網羅した情報よりも、業務の専門家にとって重要な関心事や、業務の基本の構造を理解することのほうが重要だし効果的です。

詳細は、あとからでもキャッチアップしたり補正できます。しかし、全体の構造を誤解したり、要点の見逃しや勘違いは、致命的な設計問題になります。

全体を俯瞰しながら要点と重要な関係を共通理解にするためには、たとえば、次のような図法が役に立ちます。

- ・コンテキスト図
- ・業務フロー図
- ・パッケージ図
- ・主要クラス図

図4-8 コンテキスト図

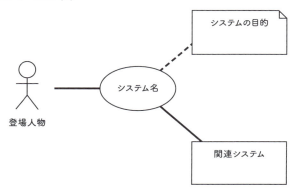

図4-9 業務フロー図

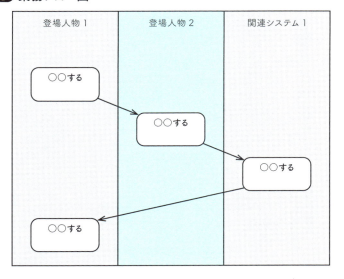

図4-10 パッケージ図

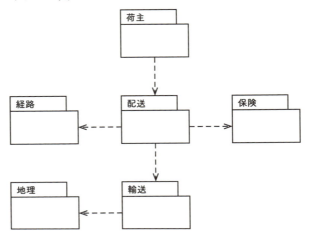

図4-11 主要クラス図

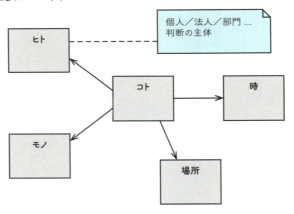

表 各図法の目的

図法名	目的
コンテキスト図	システムの目的を表す言葉を探す（重要なクラスの発見の手がかり）
業務フロー図	コトの発生を時系列に整理する
パッケージ図	業務の関心事を俯瞰する（用語の全体的な整理）
主要クラス図	重要な関心事とその関係を明確にする

業務の知識が広がり、業務の理解が深まるたびに、これらの図の内容は変化していきます。

また、それぞれの図は相互に関係します。コンテキスト図の目的の記述が変化すれば、主要クラス図のクラスに変更が必要かもしません。主要クラス図を実際にコードで表現してみたときに、クラス間の関係が変わるかもしれません。そのクラス間の関係の変更は、パッケージ図の構造や、コンテキスト図の目的の記述に影響するかもしれません。

これらの図は、考えるための道具です。公式のドキュメントとして維持する必要はありません。ツールできれいに書くのではなく、ホワイトボードなどにラフスケッチします。もし、将来の参考にしたいなら、ラフスケッチした図を写真に撮り、日時を記録して「考えたことの履歴」として記録しておきます。

■ 言葉のあいまいさを具体的にする工夫

会話は「感覚的」です。雰囲気や感じは伝わるのですが、あいまいさがつきまといます。そのために、人間は言葉をやりとりしながら、このあいまいさや感覚の違いを、より具体的に伝えるスキルを自然に身につけています。

例を交えて説明します。

「忙しいときは大変なんだよねえ」

「忙しいときって、月末とかですか?」
「いや月初」

「何が大変なんですか?」
「やることが多くて面倒なんだよね」

「特に大変なのは?」
「請求と入金を別々の画面で立ち上げて、確認しながら照合しているんだけど、並び順が違うので、行ったり来たりが大変」

「並び順って?」
「請求は請求先コード順、入金は入金通知番号順。いちおう振込元の名前はデータにあるんだけど、それで並べ替えられない」

　最初の「忙しいときは大変なんだよねえ」というあいまいな言葉を取っ掛かりに、何度か言葉をやりとりするだけで、もっと具体的な手がかりを得ることができました。

　どのデータを使って、どのような判断／加工／計算をすれば使う人の役に立つかが具体的になってきました。ここまで会話でやりとりできれば、具体的にクラス設計ができそうです。

　このような会話の能力はなにも特別なものではありません。最初はうまく伝わっていないことを、かんたんな言葉のやりとりを介して意図をより明確に伝えあうことを、私たちは子供のころから日常生活の中でずっと訓練してきているのです。

　このすばらしい会話能力こそが、ドメインモデル設計の基本スキルであり、ドメインモデルの洗練に威力を発揮します。

基本語彙を増やす努力

　開発者が持っている業務知識は、最初は貧弱です。ある程度の知識があったとしても、理解があやふやだったりまちがっているかもしれません。業務知識が乏しい段階では、ドメインモデルの設計といっても、どこからどう手をつけるか、途方にくれてしまいます。

　ドメインモデルの設計のやり方として、まず対象業務の基本知識を身に着けるところから始めなければいけません。具体的には、次のような活動です。

- その業務のマニュアルや利用者ガイドを読んでみる
- その業務の一般的な知識を書籍などで勉強する
- その業務で使っているデータに何があるか画面やファイルを調べる
- その業務の経験者と会話する

　最初の段階では、この順番にやるのがよいと思います。専門家の話をいきなり聞いても、言葉の理解に相当苦労します。何も業務知識がない状態で業務経験者と会話をしても、時間の無駄になりがちです。

　最初は、準備として業務マニュアルをざっと読んだり、その分野について書かれた書籍で基本的な用語を抑えておきましょう。文書として整理された情報を読みながら、基本的な語彙に慣れるようにします。単語をばらばらに覚えるよりは、言葉を組み合わせた言い回しを覚えます。

　次に、その業務についての解説書などでより一般的な知識を学ぶと、全体の構造や要点がぼんやりとですが、理解できるようになります。

　ある程度の基礎知識が身についたら、業務で扱っている情報を画面や帳票から調べてみます。そうやって基本的な業務知識が身についてくると、業務の経験者との効果的な会話ができるようになります。

繰り返しながらしだいに知識を広げていく

　ある程度、業務知識が増えてきても、開発者はその業務の専門家ではありません。必ず見落としや勘違いをしているものです。そのことを常に意識しながら、次に専門家と話したときの相手の反応や、資料を改めて読み直した際に、見落としや勘違いを発見し、修正を繰り返していくことが大切です。

　文書で体系化した情報、現場で実際に使われている画面や帳票や資料、そして業務の経験者との会話。これらを常に組み合わせながら対象業務の知識を広げていきます。

　なお、業務の経験者は、一般的に書籍のような体系立てた説明は苦手です。一方、業務の経験者は、マニュアルや本に書かれていない業務の現実に精通しています。言語化はできないが、業務に関する詳細な知見と独特の感覚を持っています。そういう業務の経験者だけが持つ感覚をうまくキャッチして、プログラムの設計に取り入れるほど、現場で役に立つソフトウェアになります。

改善を続けながらドメインモデルを成長させる

　業務アプリケーションの変更理由で多いのは「業務ルールが変わる」ことです。ビジネスの状況が変われば、ビジネスの道具である業務アプリケーションを変更しなければいけません。事業方針が変われば、それを業務アプリケーションに反映しなければいけません。

　そうやってビジネスの変化に対応したソフトウェアの変更を、すばやく、確実にできるようにドメインモデルの改良を続けることが、アプリケーション開発者の役割です。

　また、ソフトウェアの変更は設計の見直しの絶好の機会です。変更の対象箇所を特定するのが大変だったり、変更が複数箇所に及ぶことを発見したら、変更の前にドメインモデルのクラスやメソッドを改良します。業務ルールの変更がプレゼンテーション層やデータソース層のコードの変更に

波及したら、その対象箇所のロジックをドメインモデルに移動することを検討します。

重複したロジックを1つのクラスに集めたり、クラスを別のパッケージに移動したりしながら、業務視点から見てわかりやすく整理されたドメインモデルを追求します。

変更後、思わぬ箇所に副作用が現れたら、それは、ソフトウェアの構造と業務の関心事がねじれている兆候です。ドメインモデルを改善し、業務とソフトウェアを整合させることで、その副作用を防止する方法を探します。

ドメインモデルの設計に模範解答や最終解答はありません。しかし「より良い」解答はあります。ドメインモデルの設計とはより良い解答を探し続けることです。

より良い解答を探すひとつの方法が、関係者で設計レビューを行うことです。ドメインモデルとして設計したパッケージ名、クラス名、メソッド名が業務の概念や、実際の業務のやり方と整合しているかのチェックを行います。

チェックの方法は、基本的に「言葉」の使い方のチェックです。業務の流れ（ユースケース）を、そのドメインモデルの内容で実現できているかを確認します。具体的にはドメインモデルに登場する変数名／メソッド名／クラス名／パッケージ名を使って、業務の処理の流れを声に出して説明してみます。

よどみなく説明ができ、業務の経験者が聞いても意図が伝われば合格です。もし、うまく語ることができなかったり、業務の専門家に伝わらないようであれば、ドメインモデルの改良を試みます。

業務を正しく深く理解した開発チームが設計したドメインモデルは、業務知識の体系になります。プログラミング言語という表現手段を使った「業務マニュアル」そのものになります。

ドメインモデルは業務アプリケーションの中核です。対象業務で扱うすべてのデータと、そのデータを使った判断／加工／計算の業務ロジックが、ドメインモデルとして体系的に整理されていれば、プレゼンテーション層やデータアクセス層に、業務ロジックが散らばったり重複することがなく

第4章 ドメインモデルの考え方で設計する　147

なります。

　その結果、業務ロジックがどこに書いてあるかを特定しやすく、業務ルールの変更が必要になったときに変更の対処箇所を限定し、変更の影響を狭い範囲に閉じ込めやすくなります。

　それがオブジェクト指向で業務アプリケーションを開発する狙いです。

›››　第4章のまとめ

- ドメインモデルは業務ロジックをオブジェクト指向で整理する技法
- データの整理ではなく業務ロジックの整理
- 業務の関心事はヒト／モノ／コトで整理できる
- コトを整理の軸にする
- 起きてよいこと／起きてはいけないことの判断と対応が業務ルール
- 業務ルールをオブジェクトで表現する一般的なパターンを覚えておくとドメインモデルの設計がやりやすくなる
- ドメインモデル設計のインプットは業務の言葉の正しい理解
- 業務の言葉を正しく覚え、正しく使えるようになることが、良いドメインモデルの設計に直結する
- 業務知識をプログラミング言語で体系的に表現したドメインモデルを中核にした業務アプリケーションは、変更が楽で安全になる

参考

『ドメイン駆動設計』「第1章　知識をかみ砕く」／「第2章　コミュニケーションと言語の使い方」／「第3章　モデルと実装を結びつける」／「第9章　暗黙的な概念を明示的にする」／「第11章　アナリシスパターンを適用する」

CHAPTER

5

アプリケーション機能を組み立てる

第4章では、ドメインモデルに業務のロジックを集めて整理する方法を説明しました。
この章では、ドメインモデルを使って、必要な機能を実現する
アプリケーション層の設計を説明します。

ドメインオブジェクトを使って機能を実現する

■ アプリケーション層のクラスの役割

　データクラスと機能クラスを分ける手続き型の設計では、アプリケーション層のクラスに業務ロジックの詳細を記述します。

　これに対し、三層＋ドメインモデルの設計では、ドメインモデルに業務ロジックの詳細を記述します。では、三層＋ドメインモデルにおけるアプリケーション層のクラスの役割とは何でしょうか。

図5-1 アプリケーション層のクラスの役割

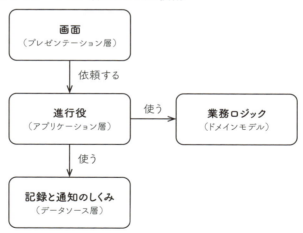

　図 5-1 のように、三層＋ドメインモデルの設計では、アプリケーション層は処理の流れの進行役であり、調整役です。

- プレゼンテーション層からの依頼を受ける
- 適切なドメインオブジェクトに判断／加工／計算を依頼する
- プレゼンテーション層に結果（ドメインオブジェクト）を返す
- データソース層に記録や通知の入出力を指示する

三層＋ドメインモデルのアプリケーション層のクラスは、プレゼンテーション層に対して、業務サービスを提供します。業務サービスを提供するという意味で、アプリケーション層のクラスを**アプリケーションサービスクラス**、または単に**サービスクラス**と呼びます。

■ 三層＋ドメインモデルの構造をわかりやすく実装する

三層＋ドメインモデルのような構造を実装するしくみとして、さまざまなアプリケーションフレームワークが提供されています。

アプリケーションフレームワークは、アプリケーションの標準的な構造を実装するためのクラスやライブラリの集まりです。アプリケーションフレームワークを使うことで次の効果を期待できます。

- **構造が標準化され全体の見通しが良くなる**
- **実証された技術基盤を再利用することで、アプリケーションの記述が簡単になり、かつ安定する**

三層＋ドメインモデルの構造を実装するためのアプリケーションフレームワークとして、Spring Framework が有力な選択肢です。Spring Framework は、開発者が業務ロジックに集中できるように、ドメインモデル以外の三層の実装基盤を提供することを重視して開発されたフレームワークです[1]。

Spring Framework では、三層のそれぞれのクラスに、そのクラスの役割を示すメタ情報（**アノテーション**）を記述することで、Spring

---

※1　http://projects.spring.io/spring-framework/

第5章　アプリケーション機能を組み立てる　151

Framework が提供する各層の標準的な機能を自動的に組み込むことがで
きます。

表 三層＋ドメインモデルを実装するためのSpring Frameworkのしくみ

各層とアノテーション	Spring が提供するおもな機能
プレゼンテーション層 (@Controller)	HTTP リクエストとのマッピング、リクエスト内容の妥当性検証とドメインオブジェクトへのマッピング、指定したアプリケーション層のクラスのオブジェクトを自動的に組み込む
アプリケーション層 (@Service)	サービスクラスの自動生成、指定したデータソース層のクラスのオブジェクトを自動的に組み込む
データソース層 (@Repository)	データアクセスオブジェクト (DAO) の自動生成、データベース依存の SQL 例外を標準的な SQL 例外にマッピング

Spring Framework を使ったサービスクラスの実装は次のようになります。

リスト 注文処理のサービスクラスの例

```
@Service
class OrderRegisterService {
    @Autowired
    OrderRepository repository;

    void register(Order order) {
        repository.register(order);
    }
}
```

@Service は、サービスクラスであることの指定です。@Autowired は、
データソース層に記述する @Repository クラスのオブジェクトを自動的
に組み込むための指定です。

Spring Framework の背後にあるしくみは複雑ですが、サービスクラス

152

の記述はこのように簡単です。注文の登録機能が、これだけの記述で実現できます。

■ サービスクラスの設計はごちゃごちゃしやすい

　三層＋ドメインモデルは、概念的には図 5-1 で示したようにシンプルです。サービスクラスは、プレゼンテーション層が要求するドメインオブジェクトを返したり登録するだけです。サービスクラスに詳細なロジックを記述しません。

　しかし、現実には、サービスクラスの記述はごちゃごちゃしがちです。アプリケーションの機能が増え、仕様が複雑になるにつれ、サービスクラスに業務ロジックが入り込んできます。サービスクラスのメソッドに if 文の条件分岐が追加され、異なるサービスクラスに同じ業務ロジックの重複が目立つようになります。

　なぜそうなってしまうのでしょうか。原因は 3 つあります。

- ・ドメインオブジェクトが業務ロジックの置き場所として十分機能していない
- ・プレゼンテーション層の関心事に振り回される
- ・データベースの入出力の都合に引きずられる

　サービスクラスのコードが膨らみ複雑になってくると、アプリケーション全体の見通しが悪くなります。ちょっとした変更が思わぬ副作用を起こしやすくなります。

　そうならないために、サービスクラスの設計では、次の方針を徹底します。

- ・業務ロジックは、サービスクラスに書かずにドメインオブジェクトに任せる（サービスクラスで判断／加工／計算しない）
- ・画面の複雑さをそのままサービスクラスに持ち込まない
- ・データベースの入出力の都合からサービスクラスを独立させる

　この方針で設計するための具体的なやり方を見ていきましょう。

第5章 アプリケーション機能を組み立てる　153

サービスクラスを作りながら
ドメインモデルを改善する

　オブジェクト指向の変更容易性は、段階的な開発を可能にします。段階的に開発していくときに大切なことは、コードを追加したり修正するたびに、クラスの設計や、クラスとクラスの関係を見直しながら、設計の改善を積み重ねることです。

　業務アプリケーションを段階的に作っていくときに、サービスクラスのメソッドに業務ロジックを直接書いてしまうことが、その時点では最もわかりやすく手っ取り早いことはよくあります。

　しかし、サービスクラスに業務ロジックを書き始めると、手続き型のプログラミングで起こりがちなコードの重複が始まります。そして、アプリケーション全体の見通しが悪くなり、変更がやっかいになっていきます。

　そうならないために、段階的にコードを追加するときには、いつも設計の改善を考えます。業務ロジックの置き場所として、より適切な場所を探します。適切なドメインオブジェクトがなければ、ドメインオブジェクトの追加を考えます。

　画面からの依頼を処理するときに場合分けが必要な場合、安易に if 文を追加してサービスクラスのメソッドを複雑にしてはいけません。複数のメソッドに分けるなどの部品化を考えます。

　データベースとの入出力が入り組んできて、処理の流れがデータベース操作の手続きになりはじめたら、リポジトリの設計やドメインオブジェクトの設計を見直します。テーブルの設計を変えることでデータベース操作をもっとシンプルにできるかもしれません。

　オブジェクト指向の設計は、開発初期の設計フェーズに集中させるものではありません。早い段階から基本部分のコードを書き、毎日コードを書きながら、少しずつ設計を繰り返すことで、見通しの良い変更が容易なプログラムを開発できるのです。

アプリケーションに機能を追加したり、業務ルールの追加や変更を行うときは、サービスクラスのコードをシンプルに保つようなクラスの役割分担をいつも心がけます。

　サービスクラスを組み立てながら、全体の設計を改善していくやり方について、より具体的に考えてみましょう。

■ 初期のドメインモデルは力不足

　開発の初期の段階では、開発者の業務知識の不足もあってドメインオブジェクトの提供する業務ロジックが貧弱になりがちなことは先に説明しましたが、機能追加や修正の要求を理解することで開発者の業務知識は広がります。問題は新たに獲得した業務知識をどこに書くかです。

　業務ロジックを追加する方法は2つあります。

- **ドメインオブジェクトを追加したり修正してドメインモデルを充実させる**
- **不足している業務ロジックをサービスクラスに直接書いてしまう**

　動かすだけであれば、おそらくサービスクラスに追加する後者のほうがかんたんです。しかし、それは業務ロジックがサービスクラスにごちゃごちゃと書かれ、異なるサービスクラスに同じ業務ロジックが重複する問題を引き起こします。

　三層＋ドメインモデルの良さを活かすには、サービスクラスに安易に業務ロジックを追加してはいけません。

　ドメインモデルに適切なドメインオブジェクトがなければ、まず必要な業務ロジックを持つドメインオブジェクトを作ります。すでに存在するドメインオブジェクトが使えそうな場合でも、ニーズにぴったりあっていなければ、ドメインオブジェクトの名前の変更やメソッドの追加で、サービスクラスが使いやすくなるようにドメインモデルを改良します。

　そうやってドメインオブジェクトを少しずつ改良し充実させることが、アプリケーション全体の見通しを良くし、業務ロジックの重複を防ぎます。

第5章　アプリケーション機能を組み立てる　155

■ ドメインモデルを育てる

　サービスクラスを書いているときに、業務ロジックの不足に気がついたら、それはドメインモデルを成長させる絶好の機会です。

　業務ロジックを書く適切なドメインオブジェクトがないのであれば、あらたな業務知識の置き場所として、ドメインモデルにクラスを追加します。すぐには適切なクラス名が浮かばないかもしれませんが、ぎこちない名前でよいので、とにかくドメインモデルにクラスを追加します。

　サービスクラスに安易に業務ロジックを書くよりは、ぎこちない名前でもドメインモデルにクラスを追加するほうが、業務ロジックの整理の方法として優れています。業務ロジックの置き場所が明確になり、ほかのサービスクラスとの同じロジックの重複を防ぐからです。

　そうやって暫定的に作ったドメイン層のクラスは、サービスクラスに提供するサービス内容を追加したり拡張していくうちに良い名前が見つかるようになります。業務の関心事をそのままクラスにしていますので、たいていの場合は、業務で使われている言い回しの中に適切なクラス名が見つかります。

　既存のドメインオブジェクトについても、機能が不足していたり、名前がしっくりこないことがあります。この場合も、ドメインオブジェクトを積極的に変更します。既存のドメインオブジェクトの変更は、ほかのサービスクラスに影響するかもしれません。

　これは、ドメインモデルの出来具合を評価するよい機会です。1つのドメインオブジェクトが複数のサービスクラス（複数の業務機能）から利用されているのは、コードの重複を防いでいる良い傾向です。そして、変更がほかの業務機能に波及するなら、それが業務の構造として自然であれば、それは適切なドメインオブジェクトです。

　逆に、ドメインオブジェクトの変更が、業務的なつながりとは異なるサービスクラスに影響が出た場合は、ドメインオブジェクトの設計に問題がありそうです。業務の関心事と整合するように、ドメインオブジェクトを分けたり、同じドメインオブジェクトに別のメソッドを追加するなどの改良

を試みます。

　サービスクラスの実装を始めると、詳細な業務ルールが発見されたり、例外的なケースへの対応の要求が追加されることがよくあります。そのようなルールの発見や要求の追加のために、サービスクラスに業務ロジックを安易に追加してしまうと、ドメインモデルの成長が止まります。ドメインモデルの成長が止まると、三層＋ドメインモデルで実現できる変更の容易性が劣化します。

　サービスクラスに業務ロジックを書きたくなったら、それはドメインモデルの改良の機会として積極的に活用しましょう。サービスクラスの設計を単純に保つために、ドメインオブジェクトの追加や改良を続ける努力が、ドメインモデルを育て、アプリケーション全体で業務ロジックをわかりやすく整理する基本です。

画面の多様な要求を
小さく分けて整理する

■ プレゼンテーション層に影響される複雑さ

　サービスクラスは、プレゼンテーション層からの依頼を受け付ける窓口
です。受け付けた内容をもとに、適切なドメインオブジェクトに必要な判
断／加工／計算を依頼します。ドメインモデルが充実していれば、サービ
スクラスのメソッドはシンプルに保てます。

　しかし、いくらドメインモデルを充実させても、サービスクラスの設計
は複雑になりがちです。その原因のひとつがサービスの依頼元のプレゼン
テーション層です。

　サービスクラスの設計が混乱しがちな画面アプリケーションについて考
えてみましょう。

　利用者にとって画面だけがシステムの具体的な姿です。画面について、
さまざまな要求を出し、画面を使うことによってシステムの出来具合を判
断します。

　利用者のニーズは単純ではありません。注文登録画面といっても、利用
者のタイプ、対象商品、利用する状況の違いなどで、さまざまな注文のし
かたがあります。

　そのような多様な要求ごとに異なる画面を用意することは現実的ではあ
りません。1つの画面で、さまざまなニーズに対応できる画面を作るのが
普通でしょう。

　たとえば商品情報や顧客情報を編集する画面は、すべての情報項目を編
集できる「何でも編集画面」になりがちです。どういう人が、いつ、どの
ような理由で、どの項目を編集したいか、という使い方のバリエーション
は画面設計からは切り捨てられます。

検索も、ありとあらゆる検索条件に 1 つの画面で対応する「何でも検索画面」をよく見かけます。

　これらの画面の背景にある、多様な要求がサービスクラスの設計に影響します。

　サービスクラスは、入力された内容や利用者の利用履歴や個人設定などをもとに場合ごとの対応をする必要があります。

　画面の多様な要求をサービスクラスの 1 つのメソッドに押し込めると、そのメソッドは if 文だらけになり、判断と分岐の流れを追うだけでも大変になります。要求が追加されたり変更されたりすると、そういう if 文だらけの入り組んだメソッドの修正は、やっかいで危険になります。

　複雑なサービスクラスは、異なる要求を抱え込み、見通しが悪く、コードの重複を生みやすくなります。サービスクラスをシンプルに保ち、変更を楽で安全にするためにはどうすればよいでしょうか。

■ 小さく分ける

　オブジェクト指向設計の基本は小さく分けて独立させた部品を用意することです。対象が複雑なときは小さな単位に分けて、そのあとでそれらを組み合わせて目的を実現します。

　サービスクラスの設計も、まずサービスを独立性の高い部品に分けることを考えます。サービスの全体をいきなり実現しようとするのではなく、まず部分を作りながら、全体を組み立てます。そして組み立てながら、部分を調整します。

　大きなサービスクラスは、変更のときに影響範囲がつかみにくくなります。小さく分かれていれば、考慮すべき範囲を狭くでき、変更を局所に閉じ込めやすくなります。また、部品の組み合わせ方によって、機能のバリエーションが提供しやすくなります。

　サービスクラスを小さく分ける基本は、まず登録系のサービスと参照系のサービスを分けてしまうことです。

第5章　アプリケーション機能を組み立てる　159

表 サービスクラスを分ける

系統	説明
登録系	プレゼンテーション層から渡された情報を検証し、加工や計算を行ったうえで、記録したり通知する
参照系	プレゼンテーション層の依頼に基づき情報を生成し、プレゼンテーション層に戻す機能

　登録系のサービスは、状態を変更する副作用を伴います。適切な状態を管理するために事前の確認や、事後の確認が必要になります。また、状態の不整合などを検知した場合の例外的な処理を記述する必要もあります。

　参照系のサービスには、このような複雑さはありません。副作用がないため、安心して使えます。

　参照系のサービスと登録系のサービスをクラス単位で分けることによって、複雑さが切り分けられ、業務ロジックの整理がしやすくなります。

　しかし、画面からの要求は表面的には、参照と登録が一体になっていることがよくあります。

　具体例として、銀行口座から預金を引き出すことを考えてみましょう。

・引き出したい金額を入力する
・残高が不足していなければ残高を更新する
・更新後の残高を画面に表示する

この機能を実現するサービスクラスを考えてみます。

リスト 口座からの預金引き出しサービス

```
@Service
class BankAccountService {
    @Autowired
    BankAccountRepository repository;
```

```
    Amount withdraw(Amount amount) {
        repository.withdraw(amount);
        return repository.balance();
    }
}
```

　単純なサービスですが、この設計は参照と更新の分離の原則に違反して
います。1つのメソッドの中で更新を行い、その結果を参照しています。

リスト **更新と参照を分離する設計**

```
@Service
class BankAccountService {
    @Autowired
    BankAccountRepository repository;

    Amount balance() {
        return repository.balance();
    }

    boolean canWithdraw(Amount amount) {
        Amount balance = balance();
        return balance.has(amount);
    }
}

@Service
class BankAccountUpdateService {
    @Autowired
    BankAccountRepository repository;

    void withdraw(Amount amount) {
        repository.withdraw(amount);
    }
}
```

　参照系サービスクラスには、残高を返すメソッドと、指定した金額以上
の残高があるかを確認するメソッドを用意しました。

更新系のサービスクラスは何も情報を返しません。残高を変更する役割に特化しています。

残高を照会するだけの balance() メソッド、指定金額が引き出し可能かどうかの判定だけをする canWithdraw() メソッド、そして、実際に残高を変更する withdraw() メソッドに小さく分けました。

この 3 つのメソッドが、預金の引き出し機能を実現する基本部品になります。これらが独立して利用できることが重要です。それぞれのメソッドを別々に作って、個別にテストすることができます。

意味のある最小単位で、かつ単独でテスト可能な単位にメソッドを分割するのがサービスクラス設計の基本です。

■ 小さく分けたサービスを組み立てる

小さく分けたメソッドを組み合わせて、実際に預金を引き出す機能は、次のように 3 つのメソッドを組み合わせればよいわけです。

- ①残高が不足していないことを確認する：canWithdraw(amount)
- ②残高を更新する：withdraw(amount)
- ③更新後の残高を照会する：balance()

この組み立てをどこで実現するかは、2 つの選択肢があります。

- プレゼンテーション層のコントローラで組み立てる
- アプリケーション層に新たな組み合わせ用のクラスを作る

2 つの選択肢を比較してみましょう。

●プレゼンテーション層で組み立てる

プレゼンテーション層から直接サービスを使う場合は、残高不足のときに画面を出し分けるなどの処理が書きやすくなります。

リスト プレゼンテーション層で組み立てる

```
@Controller
class BankAccountController {

    @Autowired
    BankAccountService  queryService;
    @Autowired
    BankAccountUpdateService  updateService;

    String withdraw(Amount amount,Model model) {
        if(! queryService.canWithdraw(amount))
            return "残高不足画面";
        updateService.withdraw(amount);
        Amount balance = queryService.balance();
        model.addAttribute("balance",balance);
        return "引き出し完了画面";
    }
}
```

　しかし、プレゼンテーション層に業務の手順という業務知識が染み出していることは問題です。

　業務の判断ルールが追加になったり複雑になったときに、業務の関心事の変更なのにプレゼンテーション層のクラスを変更することになりがちです。本来は、アプリケーション層やドメインモデルの変更であるべきです。

　プレゼンテーション層に業務ロジックが書かれ始めると、どこに何が書いてあるか調べる範囲が広がり、コードの重複により、変更がやっかいで危険になります。

　プレゼンテーション層で組み立てるのは、変更容易性を考えると良い選択ではありません。

●組み合わせ用のサービスクラスを作る

　基本サービスを組み合わせた複合サービスを表現するために、別途、シナリオクラスを作って、withdraw() サービスを定義しました。

　残高不足を通知するために例外を使っています。Spring MVC に用意さ

第5章 アプリケーション機能を組み立てる　163

れている例外ハンドラのしくみを想定した設計です。

リスト 別のサービスクラスで組み立てる

```
@Service
class BankAccountScenario {

    @Autowired
    BankAccountService   queryService;
    @Autowired
    BankAccountUpdateService   updateService;

    Amount withdraw(Amount amount) {
        if(! queryService.canWithdraw(amount))
            throw new IllegalStateException(" 残高不足 ");
        updateService.withdraw(amount);
        return queryService.balance();
    }
}
```

　この預金を引き出すシナリオを記述したクラスはアプリケーション層の
メンバーです。つまり、アプリケーション層が、基本サービスを提供する
サービスクラス群と、その基本サービスを組み合わせる複合サービスを提
供するシナリオクラス群の2層構造になります。

　この設計の良さは、基本単位とそれを組み合わせた複合サービスの構造
が明確になり、見通しが良くなることです。

　また、プレゼンテーション層とアプリケーション層で、残高不足のよう
な例外を使う方法は、両者の結合を弱くし、独立性を高くします。

　残高の更新は、さまざまな形態で実行される可能性があります。画面ア
プリケーション、外部システムと連携するためのAPI、そしてジョブスケ
ジューラなどを使った一括処理です。

　残高不足が起きた場合、画面／API／バッチ処理では対応方法が異な
ります。そして、その違いは、サービスを使う側のプレゼンテーション層
のクラスが責任を持つべきです。

　このように、アプリケーション層のクラスを、プレゼンテーション層側

のエラー処理の都合から独立させる方法として、例外は有力な選択肢です。

■ 利用する側と提供する側の合意を明確にする

　例外を使うのは、通常の使い方ではあまり起きない場合に限ります。業務的にどちらの場合もあり得る場合は、例外を使うべきではありません。if 文によって明示的に分岐を記述するほうが、業務のやり方とコードの記述が一致します。そうすることで、業務的な変更をコードに反映することがやりやすくなります。

　この設計では、BankAccountUpdateService#withdraw() を実行する前に、BankAccountService#canWithdraw() によって残高があることを確認する前提にしています。ですので、通常は残高不足が起きないはずです。

　しかし実際には、複数の画面からの同時利用など、残高不足が起きる可能性がゼロではありません。ですので、このメソッドの中でも残高をチェックし、残高不足という異常な事態を例外で通知する設計にしてあります。

　更新系のサービスでは、使う前に使う側のクラスが事前に状態を確認するという約束ごとにすると、サービスを提供する条件が明確になり、サービスを提供する側のクラスの設計がシンプルになります。

　このように、サービスを利用する側と、サービスを提供する側とで、サービス提供の約束ごとを決め、設計をシンプルに保つ技法を**契約による設計**と呼びます。オブジェクト指向でソフトウェアの信頼性を高めるためのクラス設計の基本原則のひとつです。

　契約による設計と対照的な技法が**防御的プログラミング**です。防御的プログラミングでは、「サービスを提供する側は、利用する側が何をしてくるかわからない」という前提でさまざまな防御的なロジックを書きます。利用する側も、提供側が何を返してくるかわからないという前提で、戻ってきた値の null チェックや、さまざまな検証のコードを書きます。

　防御的プログラミングは、無意味にコードを複雑にし読みにくくします。そして、どれだけ防御をしても、想定外の使われ方が起き、想定外の戻り値が起きてしまうのが現実です。

　また、サービスを提供するクラス側で防御をするといっても、そもそも

防御が無理なケースが多くあります。

　たとえば、ゼロ除算が発生しないように、引数がゼロでないことを防御することを考えてみましょう。この場合、サービスを提供する側のクラスのメソッドは、何を戻すのが適切でしょうか。例外でしょうか？ null でしょうか？ 疑似的な無限大の値でしょうか？

　この答えは、利用する側の都合に依存します。つまり、ゼロ除算を防ぐ責任は、利用する側に持たせるべきなのです。ゼロ除算を要求しないという約束ごとを決めたうえで、利用する側のクラスとサービスを提供する側のクラスを設計する。これが契約による設計の基本的な考え方です。

　契約による設計は、コードをシンプルに保ち、プログラムの異常な処理を防止するための設計の基本原則です。内部のデータ状態を外部から隔離して隠ぺいする、オブジェクト指向設計の考え方の柱のひとつです。

　サービスクラスの設計にあたっては、プレゼンテーション層（使う側）と、どういう約束事でサービスを提供するかを決めるのが設計の重要なテーマです。

　基本的な約束事には次のものがあります。

・null を渡さない／ null を返さない
・状態に依存する場合、使う側が事前に確認する
・約束を守ったうえでさらに異常が起きた場合、例外で通知する

　こういう約束事を前提にすることで、防御的なコードがなくなり、コードがシンプルになります。つまり読みやすく変更が楽で安全なコードになります。

■ シナリオクラスの効果

　基本的なサービスクラスを組み合わせた複合サービスを提供するのがシナリオクラスです。シナリオクラスは、コードの整理に役立つだけでなく、次の 2 つの効果もあります。

- アプリケーション機能の説明
- シナリオテストの単位

　サービスクラスのメソッドを小さな単位に分解することは、メリットがあります。しかし、小さなサービスの集合だけでは、どこに何が書いてあるか、わかりにくくなります。

　シナリオクラスはこの問題を改善します。業務の視点で必要とする機能単位をシナリオクラスで表現します。そして、どうやって具体的に実現するかを、基本単位のサービスクラスで表現します。シナリオクラスを起点に、関係する基本のサービス単位を特定しやすくなります。

　業務の視点でのサービスを表現したシナリオクラスは、業務視点での妥当性の検証の単位として適切です。シナリオクラスをテストするコードは業務手順書であり、業務の具体例になります。

　プレゼンテーション層を含めたテストは煩雑です。また、自動化や適切なテストはその準備や維持にコストがかかります。シナリオクラスのテストはこの問題を解決します。プレゼンテーション層を分離すると、テストの自動化がしやすくなります。

　オブジェクト指向設計では、このように、クラスやテストコードが業務の関心事を表現します。その結果、プログラムの内容を説明するために、ソースコードとは別にドキュメントを作成し、維持する必要がありません。ソースコードで、どこに何が書いてあるかわかりやすくする工夫が、ソースコード以外のドキュメントの必要性を減らします。ソースコード以外に更新すべきドキュメントが減ることも、オブジェクト指向で変更が楽になる理由のひとつです。

データベースの都合から
分離する

■ データベースの入出力に引っ張られる問題

　業務アプリケーションは、さまざまな業務活動を支援します。そして、その中核の機能はデータの記録と参照です。データベースとのデータの入出力のしくみが、業務アプリケーションの重要な部分です。

　そのため、業務アプリケーションの記述は、データベースに対するデータ操作と同じように見えることがあります。実際に、データベースへのCRUD（Create ／ Read ／ Update ／ Delete）を基本にしたアプリケーションフレームワークが数多くあります。

　しかし、ソフトウェアの変更容易性の観点からは、このデータベースのCRUD 指向のアプリケーションフレームワークは問題があります。プログラムの中に、データベース操作の手順と業務ロジックが混在しがちだからです。

　具体的には、業務的な「記録」をデータベースへの INSERT 文として記述する書き方です。「記録」という業務の関心事を、INSERT というデータベース操作に、開発者が頭の中で変換してしまう結果、プログラムの記述から業務の意図が消えてしまいます。

　また、業務が複雑になってくるとテーブルの構造も複雑になります。その結果、INSERT 文や SELECT 文の内容やタイミングも複雑になります。プログラムは、そういう複雑なデータベース操作を実現するための手続きの羅列になりがちです。

　その結果、業務要件が変更になってコードの対象箇所を調べるときに、苦労します。自分が書いたコードであっても、コードを書いたときの業務のニーズをどのようにコードに変換したかの記憶はあやふやなものです。

ましてや、別の人が書いたコードでは、どのような変換が行われたのかを知る手がかりすらありません。

また、データベース操作の手続きを並べる CRUD スタイルは、異なる画面や機能に、同じようなロジックが重複しがちです。

データベースの入出力手順に引っ張られたプログラムは、業務的な意図が読み取りにくくなります。また、業務ロジックの重複や散在により、どこに何が書いてあるかわかりにくい、変更がやっかいなプログラムになるのです。

■ データベース操作ではなく業務の関心事で考える

情報の記録と参照は業務の関心事です。データベースの単なる CRUD 操作ではありません。この考え方を実践するために、業務の関心事としての記録と参照を記述するしくみを用意します。

具体的には次のようなインターフェース宣言をドメインモデルに追加します。

リスト 記録と参照という関心事の宣言

```
interface BankAccountRepository {
    boolean canWithdraw(Amount amount);
    Amount balance();
    void withDraw(Amount amount);
}
```

ここでは銀行口座の残高照会や預金の引き出しという業務の関心事をメソッドとして宣言しています。

業務の視点からの記録と参照の関心事を、**リポジトリ**として宣言します。リポジトリは、ドメインオブジェクトの保管と取り出しができる（架空の）収納場所です。オブジェクト指向設計の観点からは、リポジトリはすべてのドメインオブジェクトをメモリ上に保管していつでも取り出せるしくみ、と考えることができます。

サービスクラスの中からはリポジトリを利用して業務データの記録や参照を行います。リポジトリのメソッド名／引数／返す値は、すべて業務の用語で表現します。

　リポジトリを使った業務データの記録と参照は、データベース操作ではなく、あくまでも、業務の関心事として記述するための工夫です。

■ 実際のデータベース操作とリポジトリを組み合わせる

　リポジトリを実際に利用するには、データベース操作が必要です。データベース操作はデータソース層のクラスの役割です。

リスト リポジトリを実装するデータソース層のクラス

```
class BankAccountDatasource implements BankAccountRepository {
    boolean canWithdraw(Amount amount) {
        // データベースに残高を照会して結果を返す
    }

    Amount balance() {
        // データベースに残高を照会して結果を返す
    }

    void withdraw(Amount amount) {
        // データベースの残高を変更する
    }
}
```

　業務の関心事を表現したリポジトリのメソッドを、具体的にどうやってデータベースで実現するかは、リポジトリインターフェースの背後に隠ぺいします。サービスクラスは、データベースの具体的なデータ操作とは独立して、業務の関心事としての情報の記録と参照を記述できます。

サービスクラスの記述をデータベース操作の詳細から解放する

　リポジトリは、INSERT 文や SELECT 文の実行に業務的な名前を付けただけの存在ではありません。データベース操作の詳細を、サービスクラスに意識させない工夫です。

　たとえば、注文データを記録するときに、注文データを、注文ヘッダテーブルと注文明細テーブルに別々に INSERT します。ヘッダと明細にテーブルが分かれていることは、「注文を記録する」という業務の関心事には関係がありません。こういうテーブル設計に依存する心配ごとは、業務機能を記述するサービスクラスには不要です。そういうわずらわしさを、リポジトリインターフェースの背後に隠すことで、アプリケーション層のサービスクラスは業務の関心事だけに焦点を当てた、シンプルな記述を保つことができます。

　データベース操作の詳細と、業務の関心事である業務データの記録と参照をリポジトリインターフェースのしくみを使って分離しておけば、データベース操作の都合が、業務の関心事の記述に影響することをなくせます。

››› 第5章のまとめ

- **アプリケーション層は業務処理の進行役であり調整役**
- **アプリケーション層のサービスクラスをシンプルに保つことが、システム全体の見通しの良さと、変更のやりやすさにつながる**
- **サービスクラスは、さまざまな関心事の交差点になり、ごちゃごちゃしやすい**
- **サービスクラスをシンプルに保つための設計の徹底が重要**
- **全体を段階的に組み立てながら設計の改善を続ける**
- **業務的な判断／加工／計算の詳細はドメインモデルに集約する**
- **画面の複合した関心事を持ち込まない**
- **そのためにサービスクラスのメソッドを基本処理単位に分解する**
- **必要に応じて複合サービスを提供する**
- **データベースのデータ操作を意識しないように分離し隠ぺいする**

第5章　アプリケーション機能を組み立てる　171

参 考
『**エンタープライズアプリケーションアーキテクチャパターン**』「第1章　レイヤ化」／「第2章　ドメインロジック
の構築」／「第9章　ドメインロジックパターン」内の「9.2節　ドメインモデル」「9.4節　サービスレイヤ」
『**ドメイン駆動設計**』「第4章　ドメインを隔離する」

CHAPTER

6

データベースの設計と
ドメインオブジェクト

実際に三層＋ドメインモデルで業務アプリケーションを動かすには、
ドメインオブジェクトが利用するデータを記録し参照する手段が必要です。
この章ではデータベースの設計を、オブジェクトの設計と関係づけながら説明します。

テーブル設計が悪いと
プログラムの変更が大変になる

■ データの整理に失敗しているデータベース

　プログラムがわかりにくく複雑になっている原因が、データベース設計
やデータ内容の問題であることがよくあります。

- どこにどのようなデータが入っているか推測しにくい
- データが入っていないカラムが多い
- データが重複していて、どのデータが正しいのかわからない
- 1つのカラムがさまざま目的に利用されている
- テーブル間の関係がはっきりしない

　こういう問題の多いデータベースを扱うプログラムは、データの妥当性
を判定したり、例外的なデータを扱うための前処理や後処理などに if 文
が増え、プログラムが複雑になりがちです。
　拙い設計のデータベースのテーブルを参照したり、データを適切に記録
するには、テーブル定義やデータ内容に現れない暗黙の知識が大量に必要
になります。そういう暗黙の知識は時間とともに失われます。データベー
スを操作するときに、なぜそうするかを理解できないまま、既存のプログ
ラムに埋め込まれたおまじないのようなコードを理由もわからず使い続け
るはめになります。
　また、SQL も複雑になりがちです。その結果、プログラムはますます
読みにくく、変更が大変になります。
　問題の多い次のようなデータベース設計やデータ内容についてもう少し
掘り下げてみましょう。

174

- 用途がわかりにくいカラム
- 巨大なテーブル
- テーブル間の関係のわかりにくさ

用途がわかりにくいカラム

以下のようなカラムをよく見かけます。

- カラム名が省略形
- NULL 値が入ったカラム
- ほかのカラムの内容に依存して値の意味が変わるカラム
- カラムから取得した文字列を、プログラムで分解する必要がある
- 意味が読み取れないコード（0,1,9,... などのマジックナンバー）が付いている

こういうカラムは意味がわかりにくく、カラムの参照やデータの挿入を行うプログラムも、複雑でわかりにくいものになります。

もっとひどい設計が「自由項目」や「予備項目」と呼ばれるカラムです。これは任意の文字列を任意の用途で使う拡張用のカラムです。テーブルにカラムを追加しなくても、あとから新しいデータを扱うための準備です。しかし、こういう拡張用のカラムは、そのカラムの意図があいまいになりやすく、使い方もばらばらになります。拡張用のカラムはプログラムを複雑にするだけの、拙いテーブル設計の典型です。

いろいろな用途に使う巨大なテーブル

カラム数が多い巨大なテーブルも、プログラムを不要に複雑にします。さまざまな用途に使うデータを乱暴に 1 つのテーブルに集めてしまった拙い設計です。

たとえば、ある機能を実現するのに必要なのは 3 つか 4 つのカラムだけなのに、テーブルには 100 のカラムがあって、そのすべてに気をつか

第6章 データベースの設計とドメインオブジェクト　175

わなければいけない、というパターンです。

カラム数の多いテーブルでは以下の傾向が強くなります。

・似たようなカラムが多く、その使い分け方がわからない
・NULL 値が多い

このようなテーブル設計だとデータ内容の理解が大変です。データベースを操作するときに、NULL 値を気にしたり、ほんとうに必要かどうかもわからないカラムまで気を使わなければいけなくなります。

プログラムも、カラム内容を判定するための if 文が多くなります。ちょっとしたロジックの変更がデータの不整合を引き起こし、深刻なバグの原因になりかねません。

■ テーブルの関係がわかりにくい

次のようなテーブル設計だと、テーブル間の関係がはっきりしません。

・外部キー制約がない
・キーとなるカラムの名前に一貫性がない

こういうテーブルを操作するプログラムは、コードを読んでも意味がわかりづらく、変更しようと思っても、どこをどうすればよいのか途方にくれてしまいます。書き込まれたデータ内容や実行時の SQL 文のログなどから、なんとか解読して変更作業を手探りに進めることになります。

まずいテーブル設計はプログラムを無駄に複雑にします。そしてプログラムが複雑になればなるほど、データベースの設計を変更できなくなります。反対に、テーブルをうまく設計し、データをわかりやすく管理できているデータベースを対象にしたプログラムは、シンプルでわかりやすくなります。

そういうデータベースを設計するにはどうすればよいでしょうか。具体的に見ていきましょう。

データベース設計を
すっきりさせる

■ 基本的な工夫を丁寧に実践する

　データベースの設計で大切なのは、難しい理論や高度な分析能力ではありません。データベースに用意されている基本的なしくみをきちんと使うことです。

　拙いデータベース設計になる原因は、そういう基本が守られていないからです。次のような基本を実践するだけで、データベースは見違えるようにわかりやすくなります。

- ・名前を省略しない
- ・適切なデータ型を使う
- ・制約をきちんと使う

●名前を省略しない

　まず、テーブル名やカラム名に「prd_cd_m」などの省略形を使う悪い習慣をやめることが第一歩です。

　かつては、テーブル名やカラム名の文字数に厳しい制限がありました。そのため、テーブル名やカラム名で、NAME を NM にするなどの省略形が普通に使われていました。現在は、名前の文字数制限は緩和されています。単語を二つ三つ組み合わせた名前にすることに問題はありません。

　また、「スキーマ名 . テーブル名 . カラム名」の組み合わせで表現できることを考えると、名前を省略形にすべき理由はありません。

　意図を明確にするために、カラム名は省略形を使わず、意味の明確な普通の単語を使いましょう。

第6章　データベースの設計とドメインオブジェクト　177

●適切なデータ型を使う

適切なデータ型の指定は、不正なデータを防ぐ基本です。

カラムはデータ型と桁数を宣言します。そのときに、数値データは数値型を、日付データは日付型を使うようにします。

ここで数値データや日付データを文字列型に指定しても、プログラムとしては正しく動作することでしょう。しかし、文字列型にはどのようなデータも入力できてしまいます。不正なデータも紛れ込みやすくなります。

また、桁数にも現実的な桁数を指定します。整数で10桁と指定すれば、それは数量を10億まで扱うための桁数です。商品数量にそんな桁数のデータが入っていたら、まちがいなく不正データです。

データ型や桁数の指定が不適切だと、実際に不正データが混入します。不正データが混入すると、それを防いだり、その不正データを例外的に扱うためのif文が増え、プログラムが無駄に複雑になります。

まちがっても長さ無制限のTEXT型やLOB（Large Object）型ですべてを済ませてはいけません。何でもかんでもVARCHAR(2000)ではいけないのです。

データ型と桁数を適切に制限することが、不正データを防ぎ、プログラムをシンプルに保つための必須条件です。

●制約を必ず使う

データが重複し、カラムのデータ内容や意味が推測しにくく、テーブル間の関係がはっきりしないデータベースを調べてみると、データベースが持っている「制約」のしくみをほとんど使っていません。

- **NOT NULL制約**
- **一意性制約**
- **外部キー制約**

これらの制約は、特殊な用途のためのしくみではありません。データベースをきちんと設計すると、この3つの制約が自然に満たされるのです。

逆に言えば、この3つの制約のないカラムやテーブルは、設計として

問題があることを疑ったほうがよいのです。

この3つの制約について、さらに見ていきます。

■ NOT NULL制約が導くテーブル設計

NULLを含んだデータ演算の結果はすべてNULLになります。NULLは演算不能を意味します。つまり、NULLは有効なデータではありません。

また、検索条件の対象とするカラムにNULL値があると、意図と違う結果になるかもしれません。

どちらの場合も、SQL文やプログラムで、NULLが入った場合を扱うためにコードが複雑になります。

また、あとからデータを設定することを想定してNULLを使う場合があります。これも危険な方法です。最初にカラムが作成された時点と、別の時点で発生したデータを混在させることは、データの不整合を起こしやすく、わかりにくいバグの原因になります。

NULLは「未知」ということです。データベースは「既知」の事実を記録するためのしくみです。つまり、データベース（既知）にそもそもNULL（未知）を持ち込むのはおきて破りです。

カラムにはNULLを含まないのがデータベース設計の基本です。

データモデリングの技法として正規化があります。正規化はとても大切な考え方です。しかし、正しく理解し実践するのはなかなか大変です。でも安心してください。正規化の理論をうまく説明できなくても、自然に正規化されたテーブル設計になるかんたんな方法があります。

その第一歩が、NOT NULL制約を使うことです。

カラムはすべてNOT NULL制約にします。そして、もしNULL値がどうしても必要なカラムを見つけたら、別のテーブルに分けることを検討します。この方法を徹底するだけで、テーブルの正規化が進みます。

正規化というのは理論的なアプローチです。そして、同じ方向でテーブルを設計する、わかりやすく実践的な方法がNOT NULL制約を徹底して使うという設計方法なのです。

すべてのテーブルが、NULLを持たないカラムだけで構成されているよ

うに設計するだけで、正規という方向にテーブルができあがっていきます。

カラムを NOT NULL 制約にするために、値がない場合は「unknown」や「9999」を入れるといった「NULL 逃れ」をしてはいけません。

ほかのカラムには値が入るのに、そのカラムに値が入らないのであれば、そのカラムだけ別のテーブルに分ければよいのです。

入力が必須ではない項目は、別テーブルになるということです。それがデータを正しく記録する方法です。

■ 一意性制約でデータの重複を防ぐ

データを正しく記録するためのテーブル設計で、NOT NULL 制約と並んで重要なのが一意性制約です。

一意性制約は、重複したデータの記録を防ぐしくみです。一意性制約は、単独のカラムだけでなく複数のカラムも制約の対象になります。

重複したデータは、不整合の原因になりがちです。1 つの事実に対して、複数の記録が存在している可能性があるからです。データを正しく記録するためには、データの重複を徹底的に取り除くことが重要です。そのための基本手段が、一意性制約です。

一意性制約の例として、主キー制約があります。あるテーブルで一意にレコードを特定するためのキーの指定です。しかし、一意性制約は、主キーを決めればよい、という話ではありません。そうではなくて、すべてのカラムとその組み合わせが基本的には、一意性制約の候補であると考えることが大切です。

正しくデータを管理するためには、どのカラムの組み合わせが一意になるか／一意にならないかを、いつも気にかけてください。一意にならないということは、データが重複しているということです。1 つの事実を重複して記録している可能性があります。

正規化は、このような重複した記録を徹底的に排除するための理論的なアプローチです。正規化は重要です。しかし、正しく理解し実践するのは簡単ではありません。

それに対し、一意性制約は、正規化を進めるためのわかりやすい実践的

な手段です。一意性制約を徹底することで、データの重複や不正なデータの混入を防ぐテーブル設計が自然にできるようになります。

■ 外部キー制約でテーブル間の関係を明確にする

　既存のテーブル設計を改善するために、一意性制約と NOT NULL 制約を追加してみることが有効です。テーブルも自然に正規化されます。

　もし、制約を追加できない場合、テーブルの正規化が十分でない可能性があります。データが重複していたり、不正なデータが混入している可能性が高いのです。

　データに不正はないのに制約を追加できない場合は、テーブルを分割することで、制約を使えるようになります。

　制約を使うためのテーブル分割は、正規化と対応します。単純な制約がうまく使えないテーブルに出会ったときは、正規化の考え方とやり方を勉強してみると、うまいテーブル設計の方向が見つかるはずです。

　正規化されたテーブルは、データの重複がなく、不正なデータの混入を防ぎます。そして、プログラムもわかりやすくなります。

　プログラムをわかりやすくし、変更を楽で安全にするためにも、テーブルへの一意性制約と NOT NULL 制約の追加を徹底して行います。

　一意性制約と NOT NULL 制約を徹底すれば、テーブルは必然的に小さく分割されます。データの冗長性をなくし、不正データの混入を構造的に防ぎます。

　そのときに重要なのが、テーブル間の関係を明確にすることです。単にテーブルを分割しただけでは、データとデータの関係の意味が失われます。

　正しくデータを再現するために、データ間の関係を記録することを強制しなければいけません。その強制方法が外部キー制約です。関連したデータを別のテーブルに分けて持つ場合、必ず外部キー制約でその関連づけを保証します。そうすることで、データの整合性が確保できるのです。

　アプリケーションがデータを扱うときも、外部キー制約が徹底されたテーブル設計は、キーに基づくデータの整合性が保証されていますから、正しいデータ操作をシンプルにできるようになります。

第6章　データベースの設計とドメインオブジェクト　181

コトに注目する
データベース設計

■ 業務アプリケーションの中核の関心事は「コト」の管理

　第4章で説明したように、業務アプリケーションの中核の関心事は「コト」の管理です。業務アプリケーションでデータベースが重要なのは、コトを正しく記録し参照するためです。

- 現実に起きたコトの記録
- 将来起きるコトの記録（約束の記録）

　データベースには正しいデータのみを記録します。それを担保するのが、データベース設計の基本目的です。NOT NULL 制約、一意性制約、外部キー制約を使うことで、コトを正しく記録できます。

● NOT NULL 制約
　コトの記録として NULL は誤りです。起きた事実を記録すべきなのに、不明であるとしてはいけません。記録があるべき場所に記録がなければ、プログラムは正しく動作しません。
　NOT NULL 制約を徹底することで、起きた事実を正しく記録できます。

●一意性制約
　記録したデータをあとから参照するときに、データの重複やあいまいさに苦しまなくてよくなります。コトを正しく記録し参照するためには、キーをもとにデータを整理するリレーショナルデータベースの基本に忠実であることが大切です。

●**外部キー制約**

　事実として正しく記録された複数のテーブルの関係を明確にします。それによって、複数のテーブルを結合して正確なデータを再現できます。

▌ ヒトやモノとの関係を正確に記録するための3つの工夫

　コトは主体（ヒト）と対象（ヒトやモノ）との関係として定義できます。つまり、コトの記録はヒトへの関係とモノへの関係も合わせて記録しなければいけません。そしてデータの不整合を防ぐために、ヒトやモノを一意に識別するキーを使った外部キー制約がコトの記録に必須になります。外部キー制約を使うことで、コトの記録が完全になるわけです。

　外部キー制約が貧弱なテーブル設計は、コトの記録と、ヒトやモノとの関係が不明確になり、不正なデータが混入する原因になります。

　不正なデータの混入を防いだり、混入してしまった不正データを例外的に扱うためにプログラムが複雑になってくると、ソフトウェアの変更は加速度的に大変になります。事実を正しく記録するためのやり方を考えてみましょう。

●**記録のタイミングが異なるデータはテーブルを分ける**

　コトの記録で NOT NULL 制約を徹底するひとつの方法は、記録のタイミング（コトの発生のタイミング）が異なる事実は、別のテーブルに記録することです。そして、そのテーブル間の関係を明示するために外部キー制約を使います。

　記録のタイミングが異なるデータを1つのテーブルで記録しようとすると、NULL 可能なカラムが必要になります。

　NULL 可能なカラムを作成してはいけません。NOT NULL 制約の徹底は正確なデータを記録する基本中の基本なのです。

●**記録の変更を禁止する**

　過去の記録ですから、コトの記録テーブルのデータを変更してはいけません。UPDATE 文は使うべきではありません。

第6章　データベースの設計とドメインオブジェクト　183

過去の記録を修正したい場合は、まず過去の記録の「取り消し」を記録します。そして、修正する事実を別の記録として追加します。つまり、修正後には次の3つの記録が残ります。

・元データ
・取り消しデータ
・新データ

この方法では、取り消しも修正も、データを追加するINSERT文だけの操作で実現できます。

これは、会計処理における「赤黒処理」と呼ばれる訂正方法です。会計情報を訂正する際は、誤った金額をマイナス計上（赤）し、正しい金額をプラス計上（黒）します。データベースを使った正確な記録にとても有効な方法です。

●カラムの追加はテーブルを追加する

データベース設計の変更でよくあるのが、今まで記録していなかったデータを記録できるように拡張することです。

この場合、既存テーブルへのカラムの追加は好ましくありません。追加するそのカラムには過去データが存在しないため、NULLを許容するか、NOT NULL制約を逃れるための「虚」のデータを登録することになります。これは、データの整合性と信頼性を劣化させ、プログラムを不要に複雑にします。

このような場合の基本の対処方法は、テーブルを追加することです。

・元のテーブルはそのまま利用する
・追加するデータ項目をカラムに持つテーブルを新しく作る
・追加したテーブルから元のテーブルに外部キー制約を宣言する

このやり方であれば、元のテーブルがそのまま読み書きできるので、プログラムへの影響は少なくて済みます。

参照をわかりやすくする工夫

■ コトの記録に注力したテーブル設計の問題

NOT NULL制約を徹底したデータベース設計は、データの記録が正確です。データの整合性をテーブルレベルで保証でき、データの信頼性も向上します。その結果、プログラムを簡素に保つことができます。

しかし、NOT NULL制約を徹底した場合は、カラム数の少ないテーブルがたくさん生まれます。必要な情報を取り出すために、多くのテーブルを結合する複雑さが生まれます。

また、コトの記録だけでは、現在の状態を直接は参照できません。たとえば、残高は理論的にはコトの記録があれば導出できます。しかし、導出のロジックが複雑になったり性能面の問題が起きやすくなります。

コトの記録に注力し、データの整合性と信頼性を重視したテーブル設計をしつつ、現在の状態をわかりやすく参照し、かつ、性能面でも問題を起こさないようにするにはどうすればよいでしょうか。

■ 状態の参照

コトを記録するだけで、理論的には現在の状態は導出可能です。たとえば、銀行口座テーブルに現在高を持つカラムを用意しなくても、入金記録と出金記録をすべて合算すれば現時点の残高を計算できます。テーブル設計にあたっては、まず、このコトの記録を徹底します。

残高や現在の状態を参照しやすくするための冗長なテーブルやカラムは、データの重複や不正なデータの混入の温床になります。コトを正確に記録することだけに注力したテーブル設計が、データベース設計の最重要

第6章 データベースの設計とドメインオブジェクト　185

事項ということを肝に銘じてください。

もちろん、理論的に導出できるといっても実際には状態を参照したいニーズも多くあります。そのたびに残高や現在の状態を動的に導出するのは、ロジックが複雑になり性能面でも問題があります。

データベースでは状態をどうやって扱えばよいでしょうか。

状態の扱い方としてデータベースのインデックスのしくみが参考になります。データベースは検索性能を確保するために、インデックス情報を自動的に生成します。インデックス情報は、元のレコードがあれば再構築が可能な二次的な導出情報です。レコード追加のたびにインデックス情報を更新することは、それなりに性能が悪化しますが、検索時の性能向上のためにはわずかなコストで大きな効果を期待できます。

状態を参照する場合もインデックスと同じ考え方ができます。

- **基本はコトの記録のテーブル**
- **導出の性能を考慮して、コトの記録のたびに状態を更新するテーブルも用意する**
- **状態を更新するテーブルはコトの記録からいつでも再構築可能な二次的な導出データ**

たとえば、口座に入金があったら入金テーブルにコトを記録する。そして、残高テーブルのその口座の残高も増やす。口座から出金があったら、出金テーブルにコトを記録する。そして残高テーブルのその口座の残高を減らす。

データベースの本質は事実の記録です。まず、コトの記録を徹底することが基本です。状態テーブルは補助的な役割であり、コトの記録から派生させる二次的な情報です。

■ UPDATE文は使わない

残高テーブルは UPDATE 文ではなく、DELETE 文／ INSERT 文の対で実行します。

UPDATE 文はデータの不整合が混入しやすい動作です。それは、コトの記録のところで述べた「記録の同時性」に違反するからです。

そうではなく、レコード単位で古い残高を DELETE し、新しい残高を INSERT するのが正しいデータの記録方法です。

なお、UPDATE 文を使ったやり方は、新規口座の場合は INSERT するなど追加のしくみが必要になります。DELETE ／ INSERT 方式では、該当する口座の残高レコードの有無にかかわらず操作できるので、ロジックがシンプルになるメリットがあります。

残高更新は同時でなくてもよい

コトの記録と残高の更新を厳密なトランザクションとして処理することは、考え方として正しくありません。

コトの記録はデータの本質的な記録であり、残高の更新は二次的な導出処理です。ですので、残高の更新に失敗したらコトの記録も取り消すというのは、データの記録の考え方としてまちがっているのです。

もちろん、残高の更新が失敗したことを検知し、何らかの対応をとるしくみは必要です。しかし、そのしくみは、本来のコトの記録からは独立させるべきなのです。

このことは、コトの記録と残高更新が同時でなくてもよいことを示唆します。要求にもよりますが、たとえば数ミリ秒の遅れで残高が更新されても、何も問題が起きないことが普通です。

残高更新を、たとえば、非同期メッセージングで別システムに任せてしまうような方法で処理の独立性を高め、システムの設計をシンプルにできる可能性が生まれます。

残高更新は1ヵ所でなくてもよい

厳密な同時性がなくてもよいのなら、残高更新を複数のサーバで別々に行うことができます。

- コトの発生を顧客管理サーバに通知すると、顧客管理サーバは顧客単位の残高を更新する
- 同じコトの発生を営業管理サーバに通知すると、売上部門別の売上高を更新する

こういう分散型で非同期な処理をかんたんにやる方法が、**非同期メッセージング**という方法です。非同期メッセージングは、システム間の連携を疎結合にしやすい技術方式です。単独のデータベースで同期した整合性を確保する方式とは、まったく異なるアプローチです。

さまざまな情報をいろいろなタイミングで異なる利用者が別の角度から利用したいという、現在の情報システムへの期待を考えると、単独のデータベースで同期と整合性を確保する方式だけでは対応できる限界があります。

分散したデータベースを非同期メッセージングで連動させる方法は、これからのデータベース設計の有力な選択肢のひとつです。

■ 派生的な情報を転記して作成する

コトの記録を徹底し、コトの発生を非同期メッセージングで分配すれば、必要に応じて、集計情報、コトの記録の複製、コトの記録のサブセットなどを並行して作成できます。

従来であれば、バッチ式に生成していたレポート系の情報も、コトの発生ごとに更新して、その時点の最新結果を参照できます。

膨大な記録を蓄積しておいて、必要に応じて条件を絞り込んで抽出するような処理も、コトの発生時点で、特定の条件ごとにコトの記録のサブセットを用意しておけば、個々の機能は、そのサブセットだけを処理するシンプルなプログラムにできます。

このようにコトの記録を基本にして、そこから派生するさまざまな情報を目的別に記録する方式を**イベントソーシング**と呼びます。イベント（コト）の発生を起点にするアプリケーション設計の考え方です。

イベントソーシングでは、コトの記録が唯一の情報源です。参照用の情

報は、コトの記録とは分離して、用途別にさまざまな情報を並行して作成しておくことで、参照系のプログラムをシンプルにします。そうすることで、目的ごとに柔軟に修正や拡張ができる点がメリットです。

ただし、イベントソーシングを実践するには課題もあります。厳密な即時性が必要だったり、データ間の整合性を保証するには、それなりのしくみが必要になります。機能要求としてはイベントソーシングでうまく対応できそうでも、非機能要求やシステムの運用面からは検討すべき課題が多いのが実情でしょう。

考え方としては、コトの記録と、集計情報やコトの記録のサブセットの参照を分けることは、修正や拡張の柔軟性を高める方法として良い方向です。しかし、すべてを小さなシステムに分散し、非同期メッセージングを駆使して連携することが良いかどうかは、非機能要件も含めた検討が必要です。

■ コトの記録から状態を動的に導出する

起きたコトだけを記録し、現在の状態は起きたコトの記録から動的に導出する方法もあります。入金と出金だけを記録し、残高は入金履歴と出金履歴から導出するような方法です。

この方法を採用すると、実績管理と予算管理を同じしくみで実現できます。

たとえば、売上実績のみを記録し、特定期間の売上合計は、動的に合計するしくみを用意します。このしくみは、売上実績管理に使う以外に、売上予算のシミュレーション機能としてもそのまま使えます。未来のある時点の売上を疑似的に発生させ、その仮想の売上記録から未来のある時点の売上合計を算出することが、売上実績と同じしくみでできるわけです。

また、集計や残高参照を動的に導出する方法は、テストがやりやすくなります。過去のデータのサブセットを用意して投入することで、過去のある時点での状況を疑似的に作成し、その状態をテスト環境として利用するわけです。

業務アプリケーションでは、業務プロセスの途中の段階の機能のテスト

は、やっかいな作業です。テストデータの設計やデータベースの環境管理が煩雑だからです。

　コトの記録＋状態の動的な導出、というやり方は、この業務プロセスの途中の段階の機能のテストをやりやすくします。

オブジェクトの設計と
テーブルの設計

オブジェクトとテーブルは似てくる

　コトの記録を徹底し、現在の状態を独立して導出するようにテーブルを設計していくと、コトを記録するテーブルとコトを表現するドメインオブジェクトがほぼ 1 対 1 に対応することがあります。

　業務の関心事として同じデータに注目するわけですから、ある意味では当たり前です。

　しかし、両者は似ているだけであって、同じものではありません。設計のアプローチや、設計を変更する動機が、テーブル設計とオブジェクト設計では本質的に異なります。

違うものとして明示的にマッピングする

　オブジェクトは、データとロジックを一体に考えます。プログラムのロジックを重複させないしくみであることが本質です。そして、全体のある部分のデータとロジックの組み合わせに注目しながら、部分から段階的により大きなプログラムに組み立てていきます。

　テーブルはデータの管理が本質です。導出結果や加工結果ではない元データの記録と整理の手段です。データの整合性を確保するために、関連するデータを全体的に洗い出して関係を明確に設計するトップダウンのアプローチが重要です。

第6章　データベースの設計とドメインオブジェクト　191

表 オブジェクトとテーブル

特性	オブジェクト	テーブル
目的	データとロジック特にロジックの整理	データの整理
関心事	導出や加工のロジック、データを使った判断ロジック	導出や加工の元になるデータ
アプローチ	部分から全体	全体から部分
設計変更のリズム	頻繁	ゆるやか

　このように、開発の段階でも、リリース後の修正や拡張でも、オブジェクトの設計とテーブルの設計は大きく異なります。

　オブジェクトとテーブルは最終的には似たものに落ち着く部分もありますが、設計の着眼点や設計改善のプロセスは、別の道を歩みます。

　このため、オブジェクトとテーブルを自動的にマッピングするアプローチはうまくいきません。どちらかの設計のアプローチやリズムに大きく制約されます。その結果、それぞれの変更の足枷になります。

　たとえば、テーブル設計を優先してオブジェクトをそれに合わせるアプローチは、ロジックの整理に失敗します。ロジックを重視したオブジェクトの設計にテーブル設計を合わせるアプローチは、データの正しい管理に失敗します。

■ オブジェクトはオブジェクトらしく、テーブルはテーブルらしく

　オブジェクトとテーブルは別物です。オブジェクトはオブジェクトとして、テーブルはテーブルとして設計と改善を進め、オブジェクトとテーブルの間のマッピングは、その両方の設計の進度に合わせながら明示的に定義するようにします。こうすることで、お互いの設計変更の影響をマッピング定義に局所化でき、オブジェクトの設計とテーブルの設計をより良いものにできます。

オブジェクトとテーブルのマッピングのしくみとして、さまざまなフレームワークが利用できます。フレームワークのサポートがあるにしても、ドメインオブジェクトとほかのデータ形式との変換は、ある程度、定型的な変換の記述が必要です。

フレームワークによっては、この変換の指定を簡略化するために、ドメインオブジェクトの記述に次のような約束事を強制するものがあります。

- **クラス名やメソッド名の命名方法**
- **フレームワークが要求するメソッドの追加**
- **マッピングの情報をアノテーションで埋め込む**

ドメインオブジェクトに、このようなフレームワークの都合を持ち込んではいけません。ドメインオブジェクトの設計をゆがめ、コードの見通しを悪くします。

ドメインオブジェクトは業務の関心事を表現するしくみです。業務のデータと業務のロジックをどう整理するかが設計の中心課題です。しかし、ドメインオブジェクトの設計をフレームワークの都合に合わせはじめると、データベース操作などの技術的な関心事が混在します。その結果、業務ロジックの整理があいまいになります。また、コードも、業務の関心事以外のフレームワークに合わせるための記述が増えます。

その結果、業務ロジックの修正や追加があったときに、変更がやりにくくなります。フレームワークの都合を意識しながらの変更作業になるためです。

●オブジェクト設計とテーブル設計の独立性を保ちやすいフレームワーク

ドメインオブジェクトの設計を、業務ロジックの整理に集中させるためには、ドメインオブジェクトの設計の自由度を保ちやすいフレームワークと技術方式を選択しなければいけません。

たとえば、オブジェクトとテーブルをマッピングするフレームワークである MyBatis SQL Mapper（以下、SQL Mapper）は、オブジェクト設計とテーブル設計は本質的に異なる空間の活動という発想で設計されたツー

第6章 データベースの設計とドメインオブジェクト　193

ルです。そのため、オブジェクト設計とテーブル設計の独立性を保ちながら、オブジェクトをテーブルのマッピングを実現するために、便利なしくみを用意しています。

SQL Mapper を使うと、ドメインオブジェクトのコードにテーブルやデータベース操作に関する知識をいっさい記述しません。JPA（Java Persistence API）のように、テーブルを意識したアノテーションをドメインオブジェクトに持ち込みません。

この SQL Mapper のやり方は、ドメインオブジェクトの設計の自由度を確保します。ドメインオブジェクトを業務ロジックの整理の手段に限定して使うことができます。その結果、業務の関心事に一致した、わかりやすく、変更を楽で安全にするアプリケーション設計がやりやすくなります。

また、SQL Mapper を使うと、既存データベースを使ってアプリケーションを開発するときも、既存のテーブル設計にあまり制約されず、オブジェクト指向の良さを活かしたアプリケーション設計がやりやすくなります。

マッピングはある程度は煩雑になりますが、テーブル設計とオブジェクト設計の独立性を維持できることは、それとは比べものにならないメリットがあります。

■ 業務ロジックはオブジェクトで、事実の記録はテーブルで

ドメインオブジェクトの設計に、データベース設計の知識や都合を持ち込んではいけません。ドメインオブジェクトは、業務の関心事を整理するための手段です。業務で扱うデータを判断／加工／計算するための業務ロジックを記述する手段です。事実を正しく記録するための手段であるデータベースの設計とは別の設計対象です。

業務アプリケーションの設計では、業務ロジックを整理するドメインオブジェクトの設計も、事実を記録するためのデータベースの設計もどちらも中核の関心事です。そして、両者を適切に関連付けることが必要です。

しかし、そのためにドメインオブジェクトとテーブルを機械的にマッピングする方法は、好ましくありません。設計に不要な制約を持ち込み、設計を歪めます。マッピングの自動化は、ドメインオブジェクトの設計にも、

テーブルの設計にも良いことはないのです。

　ドメインオブジェクトはドメインオブジェクトで、テーブルはテーブルで別々に正しく設計します。そうやって正しく設計されたドメインオブジェクトとテーブルの関係を、業務の関心事の表現として正しくマッピングすることが大切です。

≫ 第6章のまとめ

- 制約のないデータベースがプログラムを複雑にする
- 制約を徹底するとデータ管理がうまくいき、プログラムがわかりやすくなる
- テーブル設計の基本は3つの制約（NOT NULL制約、一意性制約、外部キー制約）
- 良いテーブル設計のコツは「コトの記録」の徹底
- 状態の更新はコトの記録とは独立させる
- オブジェクトとテーブルは設計の動機ややり方が基本的に異なる
- オブジェクトとテーブルの設計を独立させやすいしくみを活用する

参考

『**理論から学ぶデータベース実践入門**』NULLの問題の説明「第7章　NULLとの戦い」／正規化の説明「第3章　正規化理論（その1）―関数従属性―」「第4章　正規化理論（その2）―結合従属性―」／リレーショナルモデルとSQLの関係の説明「第1章　SQLとリレーショナルモデル」

『**SQLアンチパターン**』プログラムを複雑にするテーブル設計の問題「5章　EAV（エンティティ・アトリビュート・バリュー）」「6章　ポリモーフィック関連」

『**データベース・リファクタリング**』テーブル設計の改善、目の付け所と改善技法の説明「2章　データベース・リファクタリング」の「2.4　データベースの不吉な臭い」

CHAPTER

7

画面とドメインオブジェクト の設計を連動させる

画面はデータベースと並んで業務アプリケーションの重要な要素ですが、
アプリケーションの設計を複雑にするやっかいな存在でもあります。
この章では、画面に関連する設計の問題と、
それを回避するための考え方とやり方を説明します。

画面アプリケーションの開発の難しさ

■ 画面にはさまざまな利用者の関心事が詰め込まれる

　利用者にとって、画面こそがソフトウェアの実体です。画面に表示する項目とその画面で利用できる機能が、利用者にとっての関心事です。ドメインモデル方式で設計する場合、その利用者の関心事はドメインオブジェクトと対応します。

　アプリケーションを利用する人は、画面を見て、実際に操作することでそのソフトウェアで何ができるかを理解します。そして画面を使ってみると、要求をヒアリングしたときには明確でなかった、さまざまな要望が出てきます。

　開発者が見落としていたり取り違えている利用者の関心事を具体的に発見する手段として画面は重要な手がかりです。利用者の要望を聞き出したり仕様を確認する手段としては、画面のプロトタイプが役に立ちます。

　しかし、画面アプリケーションは複雑になりがちです。いろいろな要望を取り入れるたびに、画面が入り組み、それにつれてソフトウェアの構造も見通しが悪くなりがちです。

■ 画面に引きずられた設計はソフトウェアの変更を大変にする

　画面に対する要望を実現するためには、画面単位にプログラミングし、画面の表示処理に、ロジックを埋め込むのが手っ取り早い方法です。単純なアプリケーションであれば、この作り方が最も確実で早いでしょう。

　しかし、画面単位のプログラムは、ソフトウェアの記述を不要に複雑にします。

●**表示のためのロジックと業務ロジックが混在してしまう**

画面ありきで開発すると、画面を表示するロジックと業務ルールを表現した業務ロジックが混在しがちです。

画面を使って利用者の要望を理解することと、業務ロジックをどういう構造で整理してプログラムを組み立てるかを一緒にしてはいけません。

たとえば、優先して処理すべき注文について考えてみましょう。一定金額を超え、かつ、注文後1日以上を経過した注文を、画面で強調表示するとします。

手っ取り早いのは、画面で強調表示したい箇所に、if文を使って判断ロジックを書くことです。

リスト **画面表示ロジックに直接書かれた業務ロジック**

```
if( amount > 100000 && orderDate.before(LocalDate.now()) )
    classAppend('important'); // 強調表示するCSSクラスを追加
```

このif文の条件判断は業務ルールです。このような業務ロジックが画面を表示するコードに紛れ込むと、業務ルールの変更時に問題が起きます。

注文を表示する複数の画面に同じif文が書かれます。どこに何が書いてあるかを調べ上げ、必要な箇所をすべて変更し、変更の副作用がないか、広い範囲のテストが必要になります。

変更をさらに難しくするのが画面自体が入り組んでいる場合です。たとえば、スクロールが必要なほど表示項目が多く、画面のあちこちにボタンやリンクが並ぶ画面です。こういう複雑な画面を実現するプログラムを画面単位で開発すると、画面の複雑さに比例して、プログラムも肥大化します。重複コードが増え、業務ロジックが散在し、どこに何が書いてあるかがわからなくなります。

ちょっとした業務ロジックの変更がしたいだけなのに、プログラムのあちこちを調べまわり、どこに変更の影響が飛び火するかわからない不安を抱えながらの修正作業になります。

第7章　画面とドメインオブジェクトの設計を連動させる　199

●**複数の画面に同じコードが重複してしまう**

　また、複数の画面に同じコードの重複が発生しがちです。画面が分かれていても、同じ関心事を扱っている場合、異なる画面に同じロジックを書くことになりがちだからです。

　たとえば「注文」に関係する画面は複数あります。

・**注文の登録時の確認画面**
・**注文一覧画面**
・**一覧から遷移する注文詳細画面**

　どの画面でも「注文」に関する情報を表示する場合、注文を表示するための判断／加工／計算のロジックが、異なる画面のプログラムに重複しがちです。たとえば、合計金額の計算、消費税の計算、日付の表示形式などです。

▌ 関心事を分けて整理する

　画面アプリケーションのコードが複雑で変更がやっかいになる原因は次の2つです。

・**画面そのものが複雑**
・**画面の表示ロジックと業務ロジックが分離できていない**

　どのようにすれば、画面アプリケーションのコードをわかりやすく整理し、変更を楽で安全にできるでしょうか。

　ここでも基本的な考え方は、関心事を分けることです。画面やプログラムが複雑でわかりにくいのは、異なる関心事がごっちゃになった大きなかたまりになっているためです。

　次の方針で関心事を整理すれば、画面アプリケーションの複雑さを改善し、わかりやすく変更が楽で安全にできます。

- さまざまな表示項目やボタンを詰め込んだ何でもできる汎用画面ではなく、用途ごとのシンプルな画面に分ける
- 画面まわりのロジックから業務のロジックを分離する

　何でもできる汎用画面は、さまざまな関心事を詰め込みすぎた結果です。関心事を分離することで、画面もプログラムも見通しよく整理ができます。

　汎用画面がどのような関心事から構成されているかを分析するためには、その画面に必要なデータと業務ロジックをドメインオブジェクトとして整理します。

　画面もドメインオブジェクトも、利用者の関心事の表現です。画面は利用者から見える視覚的な表現であり、ドメインオブジェクトはソフトウェアとして記述した論理的な構造です。しかし、対象となる利用者の関心事は同じものです。

　利用者の関心事に焦点を当てると、画面デザインとドメインオブジェクトの設計は連動します。そしてこの連動がうまくいけばいくほど、ソフトウェアは利用者にとって使いやすく、同時に、ソフトウェアの変更が楽で安全になります。

　画面とドメインオブジェクトを連動させる設計のやり方を具体的に見ていきましょう。

画面の関心事を小さく分けて独立させる

■ 複雑な画面は異なる関心事が混ざっている

　画面でもクラスでも、一つひとつが大きく複雑な場合、必ず異なる関心事が絡み合っています。

　まず、どのような関心事があるか分けてみることが大切です。たとえば、注文画面は以下のような関心事の組み合わせです。

- ・注文者を特定する情報（氏名や顧客番号）
- ・注文した商品と個数
- ・決済方法
- ・配送手段と配送先
- ・連絡方法

　注文登録時にはこれらの情報の、妥当性の確認が必要です。注文登録画面を実現するドメインオブジェクトと注文登録サービスを考えてみましょう。

リスト　大きなクラスと大きなメソッドで実現する例

```
@Service
class OrderService {
    void register(Order order) {
        // 氏名の妥当性のチェック
        // 顧客番号の妥当性のチェック
        // 商品の妥当性のチェック
        // 数量の妥当性のチェック
```

```
        ...
        // すべて OK だったら登録
    }
```

　画面コントローラは、HTTP リクエストで受け取った注文データをもと
に Order クラスのインスタンスを作ります。その後、OrderService クラ
スの register() メソッドに登録を依頼します。

　Order オブジェクトは、注文に必要なデータをすべて持つ大きなクラス
です。OrderService#register() は、注文データ内容を確認するすべてのロ
ジックを持つ大きなメソッドです。

　このような肥大化したクラスとメソッドは変更が大変です。たとえば、
配送手段を追加するときに、大きな注文クラスの「どこか」に追加し、大
きな登録メソッドの「どこか」で配送手段の妥当性の検証のロジックを変
更しなければなりません。

▌ 小さな単位に分けて考える

　注文に関するドメインオブジェクトと注文登録のメソッドは次のように
分けて考えることができます。

表　小さな単位に分ける

対象	ドメインオブジェクト	登録メソッド
注文者	Customer	void register(Customer customer)
注文内容	Items	void register(Items items)
決済方法	PaymentMethod	void register(PaymentMethod method)
配送手段	Delivery Specification	void register(DeliverySpecification specification)
連絡先	ContactTo	void register(ContactTo contactTo)
注文の確定	Order	void submit(Order order)

第7章　画面とドメインオブジェクトの設計を連動させる　　203

このように関心事を分解して設計すると、配送手段を追加する変更は、対象を DeliverySpecification クラスに限定できます。

実際の注文登録は、これらを組み合わせて Order クラスと register() メソッドを作ればよいわけです。

このようにドメインオブジェクトと登録メソッドを小さく分けると、どこに何が書いてあるかが明確になります。変更すべき箇所の特定や、変更の影響を狭い範囲に閉じ込めやすくなります。

オブジェクト指向設計の基本は、いつでも、このように、扱いやすい単位に分けたクラスやメソッドを作ることです。

■ 画面も分けてしまう

ドメインオブジェクトとサービスクラスの登録メソッドを、小さな関心事に分解しました。この関心事の分離は、画面にも適用できます。

1つの注文登録画面ですべてを入力するのではなく、次のような複数の画面を用意します。

- ・顧客の氏名の登録
- ・注文内容の登録
- ・決済方法の登録
- ・配送手段の登録
- ・連絡先の登録
- ・注文の確定

たとえば、Amazon では実際に図 7-2 のように、それぞれの情報を独立して登録したり変更できます。

購入したい商品をカートに入れたとき、その商品単位でサーバ側に登録されます。スマートフォンで商品をカートに入れると、パソコンのブラウザなど別の端末でその内容が即座に確認できます。パソコンでカートから商品を削除すると、スマートフォンのカートからも削除されます。つまり、注文明細の1行ごとに、サーバ側で登録や削除を管理しているのです。

204

このように、用途を特定した小さな単位に分けた画面を提供することを**タスクベースのユーザインターフェース**と呼びます。

図7-1 大量の項目を入力する汎用登録画面

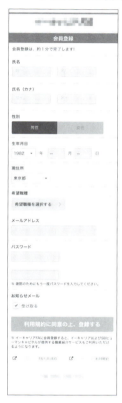

図7-2 タスクベースに分解した画面

● **タスクベースのユーザインターフェースの長所**

　タスクベースのユーザインターフェースにはどのような長所があるのでしょうか。

　１つの注文登録画面ですべての必要な情報を入力することは、利用者の

負担になります。注文登録に必要な情報を事前にすべて集めてから、登録画面に一度に入力しなければならないからです。

タスクベースのユーザインターフェースでは、必要なときに、必要な情報だけを登録できます。そして、個々の情報を登録するタイミングは、ばらばらでかまいません。

注文内容、決済手段、配送先、連絡先は、同時に1つの画面に入力しなくてもよいわけです。

決済手段や配送先は、事前に登録してあれば、毎回入力する必要はありません。前回のものを使うこともできます。今回だけ別のものを指定することもできます。

単一の注文登録画面でも、画面を表示するときにデフォルト値を設定したうえで、編集可能にすれば、機能としては同じことができます。しかし、決済手段や配送先がもし前回と同じでよいなら、余計な情報が表示されています。今回は変更するつもりがないのに、変更可能になっています。やりたいことは単純なのに、複雑な画面と向き合うことになります。

タスクベースのユーザインターフェースの考え方はこの逆です。

やりたいことだけに特化した画面を用意して、単純なことを単純にできるようにすることを重視します。

■ タスクベースのインターフェースが増えている2つの理由

最近は、タスクベースのユーザインターフェースが増えています。おもな理由は以下の2つです。

- **スマートフォンの利用が増えた**
- **通信環境の変化**

●スマートフォンの利用の拡大

スマートフォンは、パソコンのブラウザに比べ、画面の表示や操作がシンプルです。また、回線がつながらないことや、なにかの都合で操作を中断するといったことも普通に起きます。そのため、たくさんの情報を入力

206

する画面は、スマートフォンの利用形態として、使いにくくなります。

それに対して、タスクベースのユーザインターフェースにすると、その
ときやりたいことだけに限定した、ちょっとした操作を提供できます。ス
マートフォンを利用するときには、そういう小さなタスク単位での操作が
当たり前になりました。

●通信環境の変化

ソフトウェアの実行基盤でも大きな変化が進行中です。

かつては通信は高価な手段でした。可能な限り、通信量や通信の頻度を
少なくすることが重要な課題でした。

現在は、小さな単位で頻繁に通信することを前提としても、それほど大
きな問題は起きません。むしろ通信状態が悪い場面では、大きなデータを
一括して通信するより、小さな単位で頻繁に通信するほうがよい場面すら
あります。

サーバ側も、こういう小さい単位で多頻度の通信を処理することがやり
やすくなりました。その代表がクラウドの利用です。かつてはピーク時に
合わせた資源を確保するためにコストが跳ね上がりました。しかし、クラ
ウドを利用して、必要な資源を必要なとき、必要なだけ確保することで、
実行基盤のコストを柔軟にコントロールできるようになりました。

このようなスマートフォンの普及と、通信の処理環境の変化が引っ張る
形で、小さな単位で頻繁に通信し、処理をする形態が当たり前になってき
ました。

タスクベースに分ける設計が今後の主流

画面の設計方針がタスクベースであれば、画面ごとに必要なドメインオ
ブジェクトとサービスクラスもシンプルになります。

タスクベースの構造にしておけば、タスクごとに独立性の高い開発がで
きます。テストも、タスク単位であれば単純になります。

注文が成立するための必須条件の判断ロジックは、注文の確定メソッド
に集約します。それ以外の注文内容、決済手段、配送先の登録は、任意の

第7章　画面とドメインオブジェクトの設計を連動させる　　207

順序で任意のタイミングで操作できます。最後に注文を確定するときに、もし何か必要な情報が不足していたときだけ、その情報を追加すればよいわけです。

このようなタスクベースのユーザインターフェースに慣れてしまうと、単一の注文登録画面はとても使いにくく感じるようになります。今後は、タスクベースに分けることが画面設計の基本となっていくでしょう。

業務アプリケーションでは、さまざまな注文パターンを登録できる多目的の注文登録画面や、さまざまな検索条件を組み合わせて指定できる複合型の検索画面が多く使われてきました。このような「何でも画面」がいい、というニーズがなくなるわけではありません。

しかし、内部の設計はタスクベースに分けておくべきです。複合画面を提供するしくみとして、内部の構造は独立性の高い単位に小さく分けて設計しておくと、あとあとの変更が楽で安全になります。

複合画面のすべての関心事を大きなドメインオブジェクトと、単一の注文登録メソッドで実現する設計は、どこに何が書いてあるか理解が難しくなります。ちょっとした変更が思わぬ副作用を起こし、危険でやっかいになります。

また、画面をタスク単位に分けるやり方は、利用シーンの分析に役立ちます。利用者の関心事を掘り下げて理解するためにも、タスクベースの分解が効果的です。開発者が、利用者の関心事と画面の使い方を理解すればするほど、ソフトウェアは利用者にとってわかりやすく使いやすいものになります。そして、利用者からの要望を取り入れるための修正や拡張がやりやすくなります。

画面とドメインオブジェクトを連動させる

■ 画面もドメインオブジェクトも利用者の関心事のかたまり

　利用者にとっては、目の前にある「画面」こそがソフトウェアの実体です。画面に表示する項目とその画面で利用可能な操作が、利用者にとっての関心事です。

　三層＋ドメインモデル方式で設計する場合、利用者の関心事はドメインオブジェクトと対応します。

表　画面とドメインオブジェクトの対応

画面	ドメインオブジェクト
商品の登録	Product クラス
商品詳細の表示	Product クラス
商品の一覧	Products クラス（コレクションオブジェクト）
商品の検索条件	Criteria クラス

　画面は、ドメインオブジェクトを視覚的に表現したものです。ドメインオブジェクトを画面に表示するには、いくつかの選択肢があります。

- ドメインオブジェクトをそのまま画面の表示にも使う
- 画面用のオブジェクトを別途用意する
- 画面用のデータクラスを別途用意する

第7章　画面とドメインオブジェクトの設計を連動させる　209

画面は利用者の関心事のかたまりです。ドメインオブジェクトは、利用者の関心事のソフトウェア表現です。つまり、同じ関心事の異なる表現です。だとすれば、画面の表示にドメインオブジェクトをそのまま使うのがよいはずです。

　しかし、実際にはいくつかの問題が起きます。

- **画面はさまざまな関心事が複合していて、ドメインオブジェクトの粒度や構造と整合しにくいときがある**
- **画面の表示だけに関係する判断や加工のロジックをドメインオブジェクトに持ち込みたくない**

　この問題に対応するために、2つのやり方があります。

　ひとつは、ビュー専用オブジェクトを用意する方法です。画面表示用のデータを保持し、かつ、そのデータを表示用に加工するロジックを1つにまとめたオブジェクトです。

　もうひとつは、データの受け渡しのためのデータクラスを用意する方法です。ただし、データクラスを使った方式はオブジェクト指向の良さを失います。データクラスを使うと、どこにでもロジックを書けてしまいます。その結果、どこに何が書いてあるかわかりにくくなり、コードの重複も増えます。変更時の副作用も起きやすくなります。データクラス方式は選択すべきではありません。

　となると、残された選択肢は、ドメインオブジェクトをそのまま使うか、表示用のロジックを持つビュー専用オブジェクトを別に用意するかの2つです。

■ ドメインオブジェクトと画面の食い違いは設計改善の手がかり

　ドメインオブジェクトをそのまま使うのとビュー専用オブジェクトを別に用意する方式とでは、どちらを選べばよいでしょうか。

　結論から言えば、ドメインオブジェクトをそのまま使うことを重視すべきです。

画面の関心事と、ドメインオブジェクトで表現する関心事は一致するのが基本です。もし一致していないのなら、なぜ一致していないのかを分析します。

画面に表示している項目と、対応するドメインオブジェクトの提供できる情報が一致していないのであれば、ドメインオブジェクト側の設計を改善すべきかもしれません。

あるいは、ドメインオブジェクトとして整理した関心事を、画面のデザインに反映すべきかもしれません。

いずれにしても、利用者の関心事は、画面とドメインオブジェクトのどちらで表現しても、基本は同じです。違いがあれば、関心事のとらえ方や整理のしかたに何か改善すべき点がないか、検討すべきです。

なお、この考え方はタスクベースのユーザインターフェースであることを前提にしています。もし、画面が複合した画面の場合は、その複合画面に対応するドメインオブジェクトは、不要に大きすぎたり、多様な関心事を1つのドメインオブジェクトとして抱え込むことになります。

複数の関心事が混在している「何でも画面」を提供する場合は、ビュー専用のオブジェクトをプレゼンテーション層に用意します。そして、そのビュー専用のオブジェクトの中で、複数のドメインオブジェクトを組み合わせることを考えます。

■ ドメインオブジェクトに書くべきロジック

ビューとモデルの分離は、設計原則として広く知られています。そのため、モデルの設計に画面などビューの影響が出ることを気にしすぎているケースをときどき見かけます。

ビューに書くべきことと、ドメインオブジェクトに書くべきことを整理する考え方は次の3つです。

- 論理的な情報構造はドメインオブジェクトで表現する
- 場合ごとの表示の違いをドメインオブジェクトで出し分ける
- HTML の class 属性をドメインオブジェクトから出力する

第7章　画面とドメインオブジェクトの設計を連動させる　211

それぞれについて具体的に考えてみましょう。

●論理的な情報構造をドメインオブジェクトで表現する

ビューの記述は基本的に次の 2 つに分かれます。

- **物理的なビュー**
- **論理的なビュー**

　物理的なビューは、画面を表示する技術方式に依存したビューの表現です。論理的なビューは、技術方式には依存しない概念的な構造です。

　例として、複数の段落がある「説明文」を考えてみましょう。

　画面に表示するときに、段落と段落の間に空白を入れたり、段落の先頭を字下げしたりします。

　HTML で表示する場合、段落は <p> タグを使います。各段落の字下げは、<p> 要素の視覚化の指定として CSS で指定します。

　メールの本文をテキストで表示する場合は、段落の区切りは改行コードを使います。字下げは、全角の空白 1 文字を使います。

　このような HTML のタグや、改行コードを使うのが物理的なビューの表現です。

　それに対して論理的なビューは「複数の段落」という「構造」だけを表現します。Java で記述すれば次のようになります。

リスト　段落の論理構造を表現する

```
String[] description;
```

　段落の集合を String の配列として表現しています。

　ドメインオブジェクトでは、この論理的な構造を表現します。たとえば「段落がいくつあるか」とか「最も長い段落の文字数のカウント」などが、ドメインオブジェクトが持つべきロジックです。

　また、一覧画面で要点だけ表示する仕様を実現するために「最初の段落

の、最初の 20 文字だけ表示する」というような、要約文に加工するロジックもドメインオブジェクトが持つべきです。それが利用者の関心事であり、かつ、論理的な構造とその操作だからです。

ドメインオブジェクトが持ってはいけないのは、<p> タグとか、段落の先頭を全角一文字で字下げするといった物理的な手段です。

また、物理的な表現手段である改行コードを含む文字列も持つべきではありません。この場合は、改行コードを含む 1 つの String ではなく、String[] として複数の行を持つという論理構造を表現すべきです。

●用語とその用語の定義の対を表現する

ドメインオブジェクトで論理構造を表現するもうひとつの例として、用語とその説明を一対にした「定義リスト」を考えてみましょう。定義リストは、見出しと本文、コードと名称、履歴（日付と起きたこと）など、さまざまな用途に使える論理構造です。

HTML では定義リストを <dl> タグで表現できます。dl は、Definition List の略です。<dl> タグの中で、定義する用語を <dt> タグで、用語の定義内容を <dd> タグで記述します。

この定義リストの論理構造は、次のように表現できます。

リスト 用語の定義リストの論理構造

```
Map<String,String[]> definitionList;
    // HTML の <dl> に対応する用語とその定義の対
```

Map のキーが <dt> に、Map の値（バリュー）が <dd> と対応します。用語定義の並び替えや、特定の用語の定義だけの取り出しのロジックをドメインオブジェクトに記述します。

●場合ごとの表示の違いをドメインオブジェクトで出し分ける

画面表示で if 文を使っている場合は、その条件判断をドメインオブジェクトに移動できないか検討します。

第7章 画面とドメインオブジェクトの設計を連動させる 213

たとえば、検索結果の件数表示を考えてみましょう。ゼロ件だった場合は「見つかりませんでした」、見つかった場合は「N件見つかりました」と表示するものとします。

　よくある方法は、ドメインオブジェクトに件数の判断ロジックisFound() を持たせ、isFound() メソッドの結果をビュー側のif文で判定してメッセージ内容の記述を変えるやり方です。

　ところが、次のようにドメインオブジェクトで実装することで、ビュー側にif文の条件判断が不要になります。

リスト **件数によってメッセージを出し分けるロジック**

```
class Items {
    List<Item> items;

    String found() {
        if(items.count() == 0 ) return " 見つかりませんでした " ;

        return String.format( "%s 件見つかりました ",
            items.count());
    }
}
```

　このロジックをドメインオブジェクトに書くことは、ビューとモデルの分離の原則に違反しているように感じる人もいるかもしれません。

　しかし、変更を楽で安全にすることを重視するなら、一覧の結果を持つItemsクラスに、検索結果に応じたメッセージの出し分けのロジックを持たせたほうが、コードがシンプルになります。1000件以上見つかった場合とか、1件だけだった場合とかの条件分岐を増やすときも、Itemsクラスだけが変更の対象です。画面側にif文の条件分岐で書いてしまうと、すべての箇所を洗い出して変更することが必要になってしまいます。

　情報の文字列表現は利用者の関心事そのものです。ドメインオブジェクトに記述することは、むしろ自然です。

　ドメインオブジェクトが返す文字列表現に、物理的な表示手段である改

214

行コードや HTML タグを含めるべきではありません。しかし、情報の文字列表現そのものは、むしろ積極的にドメインオブジェクトが持つべきです。そのほうが、関心事を 1 ヵ所に集約し閉じ込めやすくなります。

■ HTMLのclass属性をドメインオブジェクトから出力する

条件によって視覚表現を変える例として、「新着」は赤字＋ボールドで強調表示する、という例を考えてみましょう。

ドメインオブジェクトに isUnread() メソッドを用意し、画面の表示ロジックの中で if 文を使って「もし新着だったら unread を class 属性として指定する」というやり方があります。

これについても、次のようにドメインオブジェクトが状態を表す情報を返し、それを class 属性で利用するやり方で、画面の表示ロジックから if 文をなくすことができます。

リスト ドメインオブジェクトが論理的な属性を返す

```java
String readStatus() {
    if( isUnread() ) return "unread";

    return "read";
}

// HTML 記述での使い方
// <p class="${mail.readStatus()}">
```

ドメインオブジェクトの返す情報を class 属性として利用するこのやり方は、モデルにビューの関心事が入り込んでいると感じる人がいるかもしれません。しかし、そうではありません。ドメインオブジェクトで表現する論理的な状態を、ビュー側が利用する、という考え方です。

このほかにも、カンマ編集や千円単位の表示なども、ドメインオブジェクトが持つべき加工ロジックの候補です。データの文字列表現は、利用者の関心事です。そういう関心事に関わる加工や判断のロジックは、できる

第7章 画面とドメインオブジェクトの設計を連動させる　215

だけドメインオブジェクトに集約したほうが、変更が楽で安全になります。

　画面を表示するロジックに if 文が入り込み始めたら、要注意です。それは、ドメインオブジェクトに書くべきロジックの可能性があります。

画面（視覚表現）と ソフトウェア（論理構造）を関係づける

　利用者が何に関心事があり、どういうことをやりたいかは、画面で視覚的に表現されます。利用者の関心事を可視化した画面と、ドメインオブジェクトの不一致は設計改善のよい手がかりです。

　画面とドメインオブジェクトの不一致には、たとえば次のものがあります。

- 画面での項目の並び順と、対応するドメインオブジェクトのフィールドの並び順が一致していない
- 画面上の項目のグルーピングと、ドメインオブジェクトの単位が一致していない

　具体的に考えてみましょう。

項目の並び順とドメインオブジェクトのフィールドの並び順

　たとえば書籍の一覧画面を考えてみます。画面では、左から次の順番で項目が並んでいるとします。

- 書名
- 価格
- 発行年月日
- 著者
- 本の種類

第7章　画面とドメインオブジェクトの設計を連動させる　217

それに対して、書籍クラスが次のようになっています。

リスト **書籍クラス（画面とは不一致）**

```
class Book {
    long id;
    BookNumber number;

    Title title;
    Author author;
    Publisher publisher;

    BookType type;
    Price unitPrice;

    LocalDate published;
    LocalDate registered;
}
```

id は、データベースで使われている主キーです。BookNumber は、ISBN です。BookType は、大型本や新書などの区分オブジェクト（enum値）です。

Book クラスは、書籍に関するさまざまな情報を持っています。フィールドの順番は、識別子（データベースのキー）が先頭にきて、名称（Title、Author、Publisher、BookType）、数値（Price）、日付の情報（LocalDate）の順に並んでいます。

この Book クラスのフィールドと一覧画面の項目を比べると、項目の内容も、その並び順も一致していません。この Book クラスは、利用者の関心事よりも、データベースのテーブル構造に引きずられた内容になっています。

一覧画面の関心事をそのまま表現すれば、ドメインオブジェクトは次のようになるはずです。

218

リスト 画面の関心事と一致させたクラス

```
class BookSummary {

    Title title;
    Price unitPrice;
    LocalDate published;

    Author author;
    BookType type;
}
```

　Book クラスと比べると、BookSummary はフィールドが画面の項目と一致しています。この一致が重要です。画面一覧に表示する項目が追加されたり、項目の並び順を変えたときは、BookSummary クラスのフィールド宣言の順番も合わせて修正します。

　BookSummary クラスは、利用者が本を一覧して選ぶときの手がかりとなる情報を、画面と同じ順番で並べています。画面と同じ順番ということは、利用者が画面を見るときの眼の動きと、開発者がコードを読むときの目の動きが同じということです。

　ドメインオブジェクトの設計は、このレベルまで利用者の関心事や情報の使い方も一致した設計にすべきです。

　Book クラスの設計でもプログラムは動きます。しかし、利用者の関心事の構造や重要度とは一致していません。それに対して、BookSummary クラスは、利用者の関心事を的確にとらえています。

　この差は、ソフトウェアの変更容易性に直結します。Book クラスは、データベースの関心事に引きずられているため、画面から発生した変更要求に関連するロジックの場所を特定することが直観的ではありません。BookSummary クラスは、画面との対応が明確なため、変更の要求への対応箇所が直観的です。

　このような画面項目とドメインオブジェクトの一致は、「利用者の関心事」に焦点を当てて画面とオブジェクトを設計する当然の帰結です。

　画面とオブジェクトの項目や順番に不一致を見つけたら、そこに違和感

を感じるべきです。ドメインオブジェクトが、利用者の関心事を適切に表現できていない可能性が高いのです。

利用者の関心事からずれはじめたドメインオブジェクトは変更が難しく危険になります。利用者の関心事を取り違えたり、見落としてしまう可能性が高くなります。そのドメインオブジェクトが利用者の関心事とは別の関心事を表現している「捻じれ」は、ソフトウェアの変更容易性の障害になります。

■ 画面項目のグルーピング

画面デザインは、情報をわかりやすく使いやすいように視覚化する工夫と技術です。画面デザインの基本原則には、次の4つがあります。

表 画面デザインの4原則

原則	説明
近接	関係のある情報は近づける、関係のない情報は離す
整列	同じ意味のものは同じラインにそろえる（左端、上端など）、意味が異なれば異なるラインにそろえる（インデントなど）
対比	意味の重みの違いを文字の大きさや色の違いで区別する
反復	同じ意味は同じパターンで視覚化する

近接／整列／対比／反復のデザイン原則と、ドメインオブジェクトの設計は基本的に一致します。画面もドメインオブジェクトも、利用者の関心事の表現だからです。

画面に表示する項目は、意味的な関係に基づいてグルーピングをしたり別グループに分けます。この画面デザインの4原則は、そういう画面項目のグルーピングを視覚的に表現するためのものです。

こういう情報の視覚化を丁寧に実践している画面は、ドメインオブジェクト設計の良い手がかりです。

●近接

近接したグループは、ドメインオブジェクトの単位と一致するはずです。関係のある情報ごとにドメインオブジェクトを作成します。関係のない情報は別のオブジェクトに分けます。

このドメインオブジェクトの役割分担の構造と、画面の近接の表現とは一致するはずです。画面のデザイン上、空白を使って分離してある複数の情報が、1つのドメインオブジェクトにまとまっているのは、利用者の関心事の理解として問題があります。

●整列

整列、特にインデントはグルーピングのよい手がかりになります。画面上でインデントされているということは、意味として異なるということです。この場合、ドメインオブジェクトの構造も、インデントされた部分を別のオブジェクトとしてくくりだすことで、利用者の関心事の構造を適切に表現できるはずです。

●対比

対比はドメインオブジェクトでは表現しにくいもののひとつです。ひとつの方法は、クラス内での位置です。重要なものは上のほうで宣言し、重要でないものは下のほうに宣言します。たとえば、画面で強調表示される項目はクラス宣言の上のほうに記述すべきです。

あるいは、小さなフォントや薄目のグレーとか、画面上では弱く表現している情報は、別のクラスを作ってその中に隠ぺいすることを検討しましょう。

パッケージ構成でも同じです。重要なクラス以外はサブのパッケージの中に隠すことで、そのパッケージで何が重要であるか強調して表現できます。パッケージ直下に置く重要なクラスが、画面上では大きなフォントや目立つ色で強調表示された内容と対応するということです。

●反復

反復で表現された情報は、同じ型のオブジェクトとして表現します。反

復して表示されている要素が、1つのクラスの別々のオブジェクトということもあるでしょうし、インターフェース宣言で同一の型として扱っている複数のクラスのオブジェクトかもしれません。

画面のデザインとソフトウェアの設計を連動させながら洗練させていく

　画面とドメインオブジェクトの対応がとりやすいのは、画面がタスクベースの場合です。画面がタスクベースではなく、さまざまな関心事が混在した「何でも画面」の場合は、画面のデザインが利用者の関心事を適切に表現しているとは限りません。画面デザインがごちゃごちゃしている場合は、ドメインオブジェクトの設計のほうから、画面をより論理的にデザインする改善点を提供すべきです。

　画面のデザインとドメインオブジェクトの設計の一致は、利用者／画面のデザイナ／ソフトウェア開発者が一緒になって検討すべきです。画面についての議論を通じて、開発者は利用者の関心事をより適切に理解できます。その結果、ドメインオブジェクトの設計が洗練されます。

　よく設計されたドメインオブジェクトは、変更が容易になります。関係者の関心事の構造や重要度を適切にとらえているので、変更が必要になったとき、どこに何が書いてあるかの対応がとりやすく、また変更の対象と影響の範囲が、利用者が想定する範囲と一致します。

　画面デザインとドメインオブジェクトの設計の不一致は、変更を難しく危険にします。利用者の関心事をどうとらえ、どのように整理しているかが一致していません。そのため、変更の意図を勘違いしたり、変更の影響範囲を見落としたりしがちです。また、変更したときに、思わぬ箇所に悪影響が起きるのは、利用者の関心事とソフトウェアの構造がねじれているためです。

画面以外の利用者向けの情報もソフトウェアと整合させる

　画面以外にも、利用者の関心事を表現したものとして以下があります。

- プレスリリース
- リリースノート
- 利用者ガイド

　いずれも、このソフトウェアがどういうもので、どのように使うことができるかの文章表現です。ドメインオブジェクトの設計では、このような利用者の眼に触れる情報との一致を考えることも役に立ちます。

　プレスリリースは、ソフトウェアの特徴やセールスポイントを簡潔に表現しています。その特徴や要点がパッケージ構成やドメインオブジェクトのクラス設計に反映されているのが良いソフトウェアです。

　リリースノートには新しいバージョンでの変更点が列挙されます。その内容は、ドメインオブジェクトの修正や拡張と一致しているはずです。

　利用者ガイドは、ソフトウェアの仕様書そのものです。開発時に作成された仕様ドキュメントはソフトウェアの開発が一段落すると保守されなくなる傾向があります。しかし、利用者ガイドは、機能の追加や変更があったり、利用者からのフィードバックに基づいて改善されることが一般的です。開発時に作成された仕様ドキュメントよりも、利用者ガイドのほうがソフトウェアの仕様を正しく表現している可能性が高いのです。

　重要な新しい機能を追加する場合、以下の4つが整合していることが重要です。

- プレスリリースに記載したセールスポイント
- リリースノートでの新機能の概要説明
- 利用者ガイドへの新機能の説明の追加
- ドメインオブジェクトの追加

　これらの情報が整合していない場合、そのソフトウェアの変更には欠陥が紛れ込んでいる可能性が高くなります。そのような不一致を放置すると、じわじわと利用者の関心事とソフトウェアの設計のねじれが広がっていきます。その結果、何か変更が必要になったときに、変更がむずかしく危険になります。

リリースノート、利用者ガイド、ドメインオブジェクトの3つが整合
しているソフトウェアは健全です。どこに何が書いてあるかわかりやすく、
プログラムの変更の影響範囲と、利用者ガイドの変更の影響範囲とが相似
になります。

　画面、リリースノート、利用者ガイドは、開発者以外の多くの関係者が
共通して内容を理解し確認することができます。そういうものと、開発者
以外が確認できる資料と、開発者にしか見えないプログラムの構造や記述
とを一致させることが、ソフトウェアの変更を楽で安全にします。

　オブジェクト指向とは、利用者の関心事とプログラムの表現を一致させ
るための実践的で効果的な工夫なのです。

≫ 第7章のまとめ

- 画面はアプリケーションに複雑さを持ち込む
- 「何でも画面」はわかりにくい
- タスクごとの画面に分けて考える
- 画面とドメインオブジェクトは「利用者の関心事」として一致する
- 画面とドメインオブジェクトを一致させる改善が、ドメインオブジェクトの設計を洗練させる
- リリースノート、利用者ガイドなど、多くの関係者が理解し確認できる内容と、ソフトウェアの設計を一致させることが、ソフトウェアの変更を楽で安全にする

参考
『ノンデザイナーズ・デザインブック[第4版]』
『ドメイン駆動設計』「第3章　モデルと実装を結びつける」
『エクストリームプログラミング』「第10章 XPチーム全体」

CHAPTER

8

アプリケーション間の連携

第7章までで、アプリケーションの中核となるドメインモデルを中心に、
業務機能を実現するアプリケーション層、データを正しく記録するための
データベース設計、画面インターフェース設計を説明してきました。
この章では、複数のアプリケーションの連携を実現する方法を、
Web APIを中心に説明します。

アプリケーションと
アプリケーションをつなぐ

ほかのアプリケーションとの連携が
アプリケーションの価値を高める

　1つの業務アプリケーションが対象とするのは事業活動全体の一部です。事業全体を支えるには、ほかのアプリケーションとの連携が必要です。

　たとえば、ネット通販のAmazonについて考えてみましょう。消費者がさまざまな商品を探して購入できるこのサービスを提供するために、次のようなアプリケーションが連携しています。

- 商品検索システム
- 会員管理システム
- 決済システム
- 在庫管理システム
- 配送システム
- 会計システム

　こういうアプリケーション間の連携によって利用者に利便性の高いサービスが提供できます。

　企業も個人もさまざまなアプリケーションを使って、さまざまな電子データをリアルタイムにやりとりする時代になりました。個々のアプリケーションの価値を高め、競合に対して優位性を保つために、社内や社外のさまざまなアプリケーションとうまく連携することが重要です。取引先のアプリケーションと連動した在庫管理システムや、消費者が使うスマートフォンアプリと連動した販売管理システムを実現できるかできないか

が、事業の成否を左右します。

　アプリケーション間の連携をチャンスととらえ、アプリケーション連携に積極的に投資する企業があります。一方、環境の変化に対応し生き残るために、やむを得ず他システムとの接続に対応しなければいけない企業もあります。いずれにしても、ほかのアプリケーションとの連携は、業務アプリケーションの中核課題のひとつです。

■ アプリケーションを連携する4つのやり方

　アプリケーション間の連携は、基本的にはデータのやりとりです。代表的な方式は4つあります。

表　アプリケーション間の連携方式

方式	説明
ファイル転送	ファイルを使ってデータを受け渡す
データベース共有	共通のデータベースを使ってデータを共有する
Web API	HTTPを使ってリクエスト／レスポンス方式でデータをやりとりする
メッセージング	メッセージング基盤を使って非同期にデータ（メッセージ）を送る

　それぞれの方式の特徴は次のとおりです。

●ファイル転送

　アプリケーション間の連携方式として歴史が長く、広く使われています。
　この方式の主要な設計課題はファイル形式です。ファイル形式が決まれば、ファイルの作成やファイルの取込処理は、比較的単純に実現できます。

第8章　アプリケーション間の連携　227

図8-1 ファイル転送

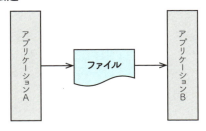

ファイル転送方式で連携する場合の問題は次のとおりです。

- 一定量のデータを蓄積してから転送するため、データの発生と実際の処理との時間差が生まれやすい
- ファイル形式を変更する場合の影響が大きい（変更しにくい）

●データベース共有

ファイル転送と違い、データの受け渡しを即時にできる点が強みです。
多くの場合、データベース全体を共有するのではなく、必要なテーブルやデータ範囲だけを共有します。

図8-2 データベース共有

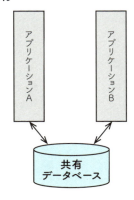

以下の問題があります。

- データベースの共有はセキュリティの観点から好ましくないことが多い（連携の範囲が限定される）
- 共有するテーブルを通じてプログラムが密結合になりやすい（変更に弱い）

● Web API

HTTP通信を使って、アプリケーション間でデータを取得したり登録するしくみです。必要なときに、必要な内容だけをやりとりできます。HTTP通信を使うので、広い範囲のシステムと連携ができます。

図8-3 Web API

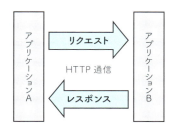

以下の問題があります。

- 設計の自由度が高いため、適切な設計判断が難しい
- いったん決めたAPIを変更することが難しくなりやすい
- 「リクエストを送ってレスポンスを待つ」という同期型の処理方式が、運用面と性能面の制約になることがある

● メッセージング

メッセージング用の基盤（ミドルウェア）を使って、アプリケーション間でメッセージを送る方式です。電子メールと同じように、送る側は相手の都合とは関係なく任意のタイミングでメッセージを送ります。受ける側も任意のタイミングで処理をします。

Web APIが同期型の通信方式であるのに対して、メッセージングは相手の応答を待たない非同期型の通信方式です。

図8-4 非同期メッセージング

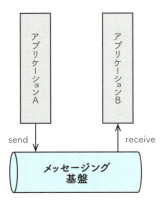

非同期メッセージングは、アプリケーション間の独立性が高く疎結合になります。また、並行に処理することで大量の処理をさばくこともできます。

しかし、以下の課題があります。

- 従来の同期型の処理とは異なる設計と運用のノウハウが必要
- 安定したメッセージング基盤の構築と運用

4つの連携方式は、あとから紹介したものほど実現できる機能の選択肢や、処理性能などの非機能要求に対応できる範囲が広がります。その一方で、設計や運用は複雑になります。

ファイル転送方式の設計は比較的単純です。しかし、機能や性能に制約が生まれがちです。非同期メッセージング方式は設計や運用が大変です。その代わり、複雑な機能要求や厳しい非機能要求に対応が可能になります。

本書では、4つの連携方式の中でWeb APIを中心に説明します。理由は次の2つです。

- アプリケーションの連携方式として採用されることが多い
- Web APIの設計の善し悪しがソフトウェアの変更容易性に大きく影響する

Web APIのしくみを
理解する

HTTP通信を使ったアプリケーション間の連携の4つの約束事

　HTTP 通信は、ブラウザを使ってインターネット上のさまざまな情報にアクセスするしくみとして普及しました。Web API は、この HTTP 通信をアプリケーション間でデータをやりとりする手段に応用したものです。Web API を開発するための便利な部品（フレームワークやライブラリ）も提供され、Web API を使ったアプリケーション連携は急速に広まりました。

　Web API が普及する以前、アプリケーション間の連携はやっかいな技術課題でした。当時の技術的な問題点には次のようなものがありました。

- ・物理的にどう接続するか
- ・各システムが対応している通信規格の違い
- ・データ形式の違い
- ・文字コードの違い

　現在では Web API が事実上の標準となり、これらの技術課題は次のように解消されています。

- ・インターネット（TCP/IP）で接続
- ・HTTP 通信でデータをやりとりする
- ・データ形式は JSON または XML
- ・文字コードは UTF-8

第8章　アプリケーション間の連携　231

Web API を使ってアプリケーション間で行う処理は基本的に次の2つです。

- **あるアプリケーションが別のアプリケーションからデータを取得する**
- **あるアプリケーションが別のアプリケーションにデータを登録する**

どちらの場合も、Web API を利用する側（クライアント）が要求（リクエスト）を送り、Web API を提供する側（サーバ）が応答（レスポンス）を返します。

Web API でアプリケーション間を連携するには、この要求と応答の約束事が必要です。Web API を利用する側は約束にしたがって要求を送ります。Web API を提供する側は約束どおりに応答しなければいけません。

HTTP 通信で連携する場合の基本の約束事は次の4つです。

- 要求の対象を指定する（URI）
- 要求の種類を指定する（HTTP メソッド）
- 処理の結果を伝える（HTTP ステータスコード）
- 応答内容の表現形式（JSON や XML）

それぞれの約束事を具体的に見ていきましょう。

■ 要求の対象を指定する

Web API はデータのやりとりの手段です。対象となるデータを指定するための約束事が **URI** です。この対象となるデータのことを**リソース**（資源）と呼びます。

URI はネットワーク上にあるさまざまなリソースを一意に指定する標準形式で、Uniform Resource Identifier（統一資源識別子）の短縮形です。

リソースは、静的な固定データの場合もあれば、要求時に動的に生成する場合もあります。Web API を利用する側はその違いはわからないし、意識する必要もありません。

232

以下の表は書籍に関するデータを指定する例です。

表 リソースの識別方法

形式	スキーム :// ホスト名 / リソースへのパス
例	https://api.example.com/books/1234
意味	HTTPS を使ってホスト api.example.com が持つ識別番号 1234 の書籍のデータ

　使いやすくかつ修正や拡張も行いやすい Web API を設計するためには、リソースの識別方法の設計が重要です。Web API を実装することはかんたんになりましたが、どのような単位でリソースを扱い、どのようにリソースに名前をつけるかの設計がかんたんになったわけではありません。
　リソースの設計の考え方とやり方についてはのちほど具体的に説明します。

■ 要求の種類を指定する

　URI で指定したデータ（リソース）に対して、どのような操作を要求するかを指定するのが、**HTTP メソッド**です。
　基本的な HTTP メソッドは次の 4 種類です。

表 基本的なHTTPメソッド

HTTP メソッド	説明	成功時の HTTP ステータスコード
GET	データを取得する	200 OK
POST	データを登録する	201 Created
PUT	データを登録する	200 OK または 201 Created または 204 No Content
DELETE	データを削除する	200 OK または 202 Accepted または 204 No Content

第8章 アプリケーション間の連携　233

それぞれのメソッドについて用途と使い方を見てみましょう。

● **データを取得する GET**

連携先のアプリケーションからデータを取得する方法が GET です。

リスト **書籍の情報を取得する例**

```
https://api.example.com/books/1234
```

この要求に対する JSON 形式のレスポンスの例が下記です。

リスト **GETリクエストで返されるレスポンスデータの例（JSON形式）**

```
{
    "id" : "1234",
    "title" : " 本のタイトル ",
    "author" : " 著者名 ",
    "description" : " 概要の説明 "
}
```

書籍の一覧を要求する場合は次のとおりです。

リスト **書籍の一覧を取得する例**

```
https://api.example.com/books
```

GET メソッドでは、問い合わせの条件を URI の一部に指定することで、対象を絞り込むことができます。以下は「ソフトウェア設計」に分類され、1 年以内に出版された書籍の一覧を取得する例です。

リスト **問い合わせの条件を指定した例**

```
https://api.example.com/books?category=" ソフトウェア設計
"&within="1 年 "
```

booksの次の「?」文字以降の部分をクエリパラメータと呼びます。複数のパラメータを「&」でつなぐことができます。

Web APIのデータの取得を設計する際の課題のひとつが、このクエリパラメータの設計となります。

基本的には、対象のリソースを一意に指定する識別番号や、リソースのグループを指定するカテゴリー名は、クエリパラメータよりも、URIのパスで表現すべきです。また、省略ができない必須の条件も、URIで指定したほうがよいでしょう。

クエリパラメータは、オプショナルな絞り込み条件として使うのが基本の用途です。クエリパラメータがずらずらと並ぶAPIは意図が理解しにくく、まちがいも起きやすくなります。

● **データを登録するPOSTとPUT**

相手のアプリケーションにデータの登録を依頼する方法は、POSTとPUTの2種類があります。

POSTを「新規の登録」、PUTを「更新」という説明も見かけますが、本来はどちらも「登録」です。では、両者の違いは何でしょうか。

表　POSTとPUTの対象の指定方法の違い

メソッド	対象の指定方法	説明
POST	books	書籍データを登録し、識別番号を発行してもらう
PUT	books/1234	識別番号1234の書籍データを登録する

POSTとPUTでは対象の指定方法が異なります。そのことが、それぞれのメソッドの意図の違いになります。

POSTでは、登録するデータ（リソース）の識別番号を、データを受け取ったアプリケーション側が発行します。登録を要求する側は、事前にどのような識別体系でデータを管理するかを知りません。登録が成功したときにはステータスコード「201 Created」を返します。また、応答内容（レ

スポンスのコンテント）として、新たに発行した一意の識別情報（たとえ
ば、books/1234）を返します。

　これに対し、PUT では登録を要求する側が一意の識別情報
（books/1234）を指定します。その際、books/1234 が存在してもしなく
てもデータの登録ができます。存在しない場合は新規に作成し、ステータ
スコード「201 Created」を返します。存在した場合は既存のデータを上
書きし、ステータスコード「200 OK」または「204 No Content」を返し
ます。

　PUT では、登録を要求する側のアプリケーションが、依頼される側の
アプリケーションのリソースの識別体系を事前に知っている必要がありま
す。

　この「識別体系を事前に知っているかどうか」の違いが、アプリケーショ
ンの独立性に影響します。接続先の識別体系を知っている必要がある分、
PUT は POST に比べて結合が密になります。

　データの登録はできるだけ POST で行うべきです。そのほうがアプリ
ケーションの独立性が高くなり、将来の修正や拡張の影響を小さくできま
す。

　PUT には返すべき応答内容の規定もありません。また、成功した場合
に複数のステータスコードを選択できます。このため、応答内容をどうす
るかの決め事が必要となります。こういう決め事が多くなるほど、アプリ
ケーション間の連携は密結合になり、API の修正や拡張が難しくなります。

●更新の依頼も POST を使う

　更新は、次のような方法で POST でも実現できます。

リスト **更新の依頼の例**

```
https://api.example.com/books/1234/updates
```

　実際にどう更新するかは Web API を提供する側のアプリケーションの
責任です。books/1234 が実際に上書き更新されるかもしれませんし、

books/1234 以下に新しい書籍データが履歴として追加されるかもしれません。

このように、登録時の管理は Web API を提供する側のアプリケーションに任せることで、アプリケーション間の独立性が高くなります。API の修正や拡張がやりやすくなります。

相手側に books/1234 が存在するかどうかを判断したい場合は、books/1234 を GET して確認します。存在すれば「200 OK」が、存在しなければ「404 Not Found」が返ってきます。

データの登録と相手の状態を同時に扱う PUT よりも、POST による登録と GET による状態の取得を組み合わせることが、アプリケーション間の依存度を下げる好ましい設計です。

● **データを削除する DELETE**

相手のアプリケーション上のリソースを削除する方法として DELETE メソッドがあります。

表 **DELETEを使ったリソースの削除**

メソッド	対象	説明
DELETE	books/1234	書籍番号 1234 のデータを削除
DELETE	books	すべての書籍データを削除

DELETE も PUT と同様に、アプリケーション間の依存性を強くします。DELETE を要求する側と応答する側に、削除に関するさまざまな決め事が必要になります。たとえば以下の内容です。

- 削除の実際のタイミング
- 削除の妥当性のルール
- 削除がうまくいかなかった場合の挙動

第8章 アプリケーション間の連携 237

こういう決め事を詳細にすればするほどアプリケーションが密に結合し、変更がやりにくくなります。

　これを避けるには、以下の URI に対して POST メソッドで削除を依頼する方法があります。

`リスト` **削除依頼の例**

```
https://api.example.com/books/1234/deletions
```

　この方法だと、削除をどう実行するかの判断や、どのようにデータの削除を実現するかは依頼を受け取った側のアプリケーションの責任になります。API を利用する側は、削除の「依頼」ができるだけです。

　こういう設計にすることで、アプリケーション間の依存関係を小さくできます。

■ エラー時の約束事

　アプリケーション間で連携する場合、うまくいかなかったときの決め事も重要です。具体的には、エラー発生時の HTTP ステータスコードとレスポンスのデータ内容の設計です。

`表` **エラー時のHTTPステータスコード**

コード	テキスト表現	説明
400	Bad Request	要求が不正
403	Forbidden	要求は禁止されている
404	Not Found	要求されたリソースが見つからない
500	Internal Server Error	エラーが起きたため要求を正しく処理できなかった

ステータスコードの 400 番台は、利用する側に問題があることを返答する方法です。どのように対応するかは、利用側の役割です。

500 番台は、Web API を提供する側で問題が起きたことを返答する方法です。500 番台が返ってきた場合、基本的には利用する側で対応できることはありません。

なお、これらのステータスコードはアプリケーションレベルのエラー通知です。基盤となっている HTTP 通信そのものは正常に完了しています。「500 Internal Server Error」が返ってきた場合でも HTTP 通信は正常に終了し、応答に何らかのデータを返すことができます。

エラー時の約束事の例として、本の詳細情報を取得する GET books/1234 の場合を考えてみましょう。

books/1234 が存在しなければ、適切なステータスコードは「404 Not Found」です。レスポンスのデータ内容は、成功した「200 OK」の場合の JSON 形式とは別の、エラーを表現する次のようなデータ形式を返します。

リスト ステータスコードとレスポンス内容の例

```
// ステータスコード 404 Not Found
{
    "error" : " 書籍番号 1234 に該当する情報はありません "
}

// ステータスコード 500 Internal Server Error
{
    "error" : " 書籍番号 1234 の処理を正しく完了できませんでした "
}
```

「500 Internal Server Error」は、アプリケーション内部のエラーであることの表明です。そのエラー内容を詳細にすべきではありません。相手にとって渡されても不要な情報です。そして内部のエラーの詳細は、セキュリティ的に保護すべき内容が含まれるリスクがあるからです。

アプリケーション間の接続でエラーが発生した場合、基本的に利用する

側が対応します。API を提供する側で対応できる範囲は少ないですし、そもそもエラー内容によって、どういう対応が適切かは、API を利用する側にしか判断できません。

　エラーメッセージについては、Web API で利用側に応答するためのものと、Web API を提供するサーバ側でログなどに出力するものとは別の内容になります。

　Web API のエラー時の応答メッセージは、API を利用する側がエラーにどう対応するかを判断する手がかりを提供します。ここでは Web API を提供する側の内部の詳細な情報は不要です。

　それに対して、Web API を提供する側で出力するエラーメッセージは、内部のより詳細な情報が必要です。エラーの原因を調査する重要な手がかりだからです。

良いWeb APIとは何か

使いにくいWeb API　〜大は小を兼ねるのか？

　広く使われるようになった Web API ですが、次のようなものをよく見かけます。

- データを取得するために指定するパラメータが多い
- 取得したデータの項目数が多い
- 登録時に指定しなければいけないデータ項目が多い

　たとえば、検索条件を指定するパラメータが30を超え、検索結果のデータ項目が100を超えるような API です。応答のデータ項目には、めったに使わない項目、似てはいるが微妙に意味の異なる項目、意図がわかりにくいフラグがずらっと並びます。

　このように肥大化した API を、フリーサイズの服になぞらえて「One Size Fit All」と呼ぶことがあります。「大は小を兼ねる」API です。

　大は小を兼ねる API は、パラメータの組み合わせでどのような検索ニーズにも対応できそうです。ありとあらゆるデータ項目を返せば、どのような場合でも必要なデータは含まれるはずです。

　しかし、API を使う側から見た場合、このような大は小を兼ねる、One Size Fit All の API は、良い Web API ではありません。

　大は小を兼ねる API は、利用する側の負担が大きい API です。単純なことをやりたいだけなのに、必要のないパラメータまで理解しなければいけませんし、受け取ったデータ項目から必要なデータ項目だけを取り出す処理が必要です。

第8章 アプリケーション間の連携　241

かといって、提供する側も楽になるわけではありません。パラメータを増やせば増やすほど、API を提供するプログラムに if 文が増えます。プログラムが肥大化し、見通しが悪く変更の副作用が起きやすい構造にどんどん劣化します。

また、パラメータやデータ項目数が多い Web API は障害が起きやすくなります。使う側がその Web API の複雑なパラメータの約束事を十分に理解できないまま使うため、誤ったパラメータが入力されたり、思わぬパラメータの組み合わせが障害の原因になります。このような障害を防ぐために、パラメータの内容をチェックするロジックが追加され、ますますプログラムが乱雑になっていきます。

大は小を兼ねる API のような汎用的な API は、1 つの API で何でもできる点が良いように見えます。しかし、実際には、個々の利用シーンでは使いにくいのです。

●大は小を兼ねる API が生まれる背景

2 つのアプリケーションの連携のやり方を設計する場合、Web API を利用する側と提供する側は別々のアプリケーションです。お互いに、相手のアプリケーションの目的や都合をよく理解できてはいません。1 つのアプリケーションを開発し、運用するだけでも大変です。そのうえに、相手のアプリケーションまで理解して、相手のアプリケーションのための API を設計することは現実的には困難です。

Web API が使いにくいものになりがちなのは、お互いの理解が不足しているまま、開発が進んでしまうためです。

Web API はシステム間連携をかんたんにしました。そのため、「データのやりとりを Web API 方式で実現しましょう」という「方針の合意」はかんたんです。しかし、実際に開発を進めていくと、当初考えていたよりは、複雑なやりとりが必要なことが明らかになってきます。

たとえば、検索条件が複雑になり、取得するデータ項目が増えてきたとします。Web API は、このような変更への対応もかんたんです。GET リクエストのパラメータを 1 つ増やし、レスポンスデータの JSON にデータ項目を 1 つ追加するだけです。

242

こうやって、初期には把握できていなかったニーズが明らかになるたびに、気軽に API を拡張していきます。その結果が、パラメータ数が 30 を超え、レスポンスデータに、似てはいるが微妙に異なるデータ項目がずらっと並ぶ肥大化した API です。

●大は小を兼ねる API はビジネスの発展を阻害する

　パラメータ数やデータ項目数が膨れあがった API は、ソフトウェアを修正したり拡張することを難しくします。お互いのビジネスの発展のためにアプリケーションを連携するはずが、結果として発展を阻害する原因になります。

　個々のアプリケーションは、機能を改善するためにそれぞれ修正と拡張を続けます。また、アプリケーション間の連携は、事業環境や両者の協力関係の変化に対応して改善することが重要です。アプリケーション間を連携する Web API は、柔軟に修正し拡張できることがお互いの利益になるのです。

　Web API の修正や拡張を楽で安全にし、アプリケーション間の連携を柔軟に変更できる能力を維持するためには、何に気をつけて Web API の設計をすればよいのでしょうか。

■ アプリケーションを組み立てるための部品を提供する

　API は Application Programming Interface の略語です。つまり、API はアプリケーションをプログラミングするための手段です。プログラミング言語／ライブラリ／フレームワークの分野では、文字どおりプログラミングのためのインターフェース定義として API という言葉を使っています。

　しかし、Web API の場合は次の 2 通りの意味で使われています。

- 利用する側でアプリケーションを組み立てるための部品のセット（本来の API）
- 利用する側でプログラミングせずに利用できる完成品

後者は、Web APIというよりはWebサービスです。Web APIとWebサービスは同じ意味で使われることも多いようですが、ここでは完成品としてのサービス提供ではなく、プログラミングの部品を提供する本来のAPIの設計について考えます。どのようなAPIがプログラミングの部品として適切でしょうか。

良いAPIは、さまざまなアプリケーションを組み立てるために役に立つことが重要です。組み立てやすく変更しやすい、適度な大きさに分割した部品が役に立ちます。

部品の大きさ（粒度）によって、実現できる機能の多様性と組み立てやすさが異なります。

表 **APIの粒度と組み立ての特性**

APIの粒度	実現できる機能の多様性	組み立ての複雑さ
小さい	幅広い	複雑
大きい	限定的	単純

小さな部品は、組み合わせ方の工夫で実現できる機能が多様になります。しかし、たくさんの小さな部品を組み立てるコードは複雑になります。

大きな部品は、組み合わせ方が限定されるので実現できる機能は限定されます。しかし、組み立て自体はかんたんです。

Web APIを使ったアプリケーション間の連携で、修正や拡張を重視する場合、小さい部品のほうが発展性があります。実現できる機能が多様であるということは、変更もやりやすいことを意味します。しかし、部品を小さくしすぎると利用する側の組み立ての負担が増します。

良いWeb APIとは、組み立ての多様性を維持しつつ、組み立ての負担が増えすぎない適切な大きさの部品を用意することです。

発展性に富んだ API開発のやり方

単純なことをかんたんにできるAPIの提供から始める

　柔軟性に富み、かつ、組み立てがかんたんな API を最初から設計することはできません。まず、単純な用途をかんたんに実現できる API を開発するところから始めます。そして、実際にアプリケーションを組み立ててみながら、API の修正や拡張を行っていきます。

　たとえば、会員情報を連動させるための API を考えてみましょう。最初に実現するとしたら、会員番号を指定するとその会員の名前とメールアドレスを取得する単純な API です。

リスト 単純な用途を実現するAPI

```
// リクエスト
GET    members/1234

// レスポンス
{
    "name":" 田中太郎 ",
    "mail":"tanaka@example.com"
}
```

　まずこのような単純な API を実際に作って動かしてみるところから始めます。

■ 動かしながら設計を発展させていく

　この程度の API であれば、フレームワークを利用すれば短時間で開発できます。かんたんに開発できるので、API を利用する側に実際に使ってもらい、ニーズを満たしているかをすぐに検証できます。

　このように、初期の検討段階から API を実際に作って利用する側に試してもらい、フィードバックをもとに API を修正／拡張していく、という API 開発の進め方が広がっています。

　かつては API を開発するには、インターフェース一覧を作り、インターフェースごとに仕様詳細を定義し確認するためのドキュメントを事前に作ることが普通でした。

　API を利用する側の目的やニーズを明らかにし、API の詳細仕様を事前に文書化することは時間がかかります。しかも、その仕様で API を作り始めてみると、仕様の不整合や考慮もれがいろいろ発覚します。

　しかし、Web API を開発するためのフレームワークやライブラリの発達により、状況は大きく変わりました。

　実際に作って使ってみることがかんたんにできるのなら、作りながら確認していったほうが、はるかに効率的だし正確です。かつてはドキュメントを作りながら検討していた内容を、実際に API を作りながら確認していけばよいのです。ドキュメントでの検討確認よりも実際に作って使ってみるほうが、良い API を早く確実に手に入れることができます。

■ APIを利用する側とAPIを提供する側の共同作業の環境を整える

　早い段階から動く API を提供して、実際に動かしながら発展させていくやり方を支援するツールも各種登場し、かんたんに利用できるようになりました。

・Web API 開発用のフレームワークやライブラリ

- APIドキュメントやテスト画面を自動生成するツール
- 開発チーム間のコミュニケーションツール

● Web API 用のフレームワークとライブラリ

　Javaであれば、たとえばSpring MVCの「RestController」のしくみと、JSONとオブジェクトのマッピングツールである「Jackson」を使うことで、詳細な通信規約を記述せずにWeb APIを開発できます。

　よく使われているプログラミング言語用に、このようなWeb API用のフレームワークとライブラリがそろっています。通常の利用範囲であれば、フレームワークやライブラリの違いによる不具合が起きることはめったにありません。

● API ドキュメントを自動生成するツール

　ソースコードからAPI仕様書を自動生成したり、テストできる環境を自動生成できる技術がいろいろ登場しています。

　たとえば、「Swagger UI」というフレームワークは、APIを提供するコントローラクラスのソースコードを解析して、自動的にAPIドキュメントを生成します。また、会話的にテストができる画面も自動生成します。

　Swagger UIが生成するAPI仕様とテスト環境は次のとおりです。

- エンドポイントのURLの仕様
- 出力ファイル（JSON）の形式
- パラメータの仕様
- curlで実行する場合のコマンドライン
- パラメータを画面から入力してAPIを実行し応答内容を表示できるフォーム

　Swagger UIを使うと、APIを提供する側はテスト環境の構築やドキュメント作成を自動化できます。APIを利用する側は、いつでも実際に動く最新のAPIを使ってアプリケーションを開発し動作を確認できるようになります。

図8-5 Swagger UI

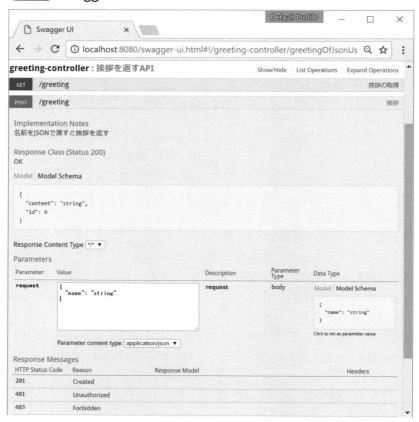

　たとえば、Spring MVCのRESTサービス用のアノテーション「@RestController」を記述するだけで、テスト画面が自動生成されます。APIやパラメータの説明を追加したい場合は、ソースコードにSwagger UIが用意したアノテーションで記述します。
　コントローラクラスやモデルクラスのソースコードの変更は、自動的にテスト環境とAPIドキュメントに反映されます。
　Swagger UIのようなWeb API開発を支援するフレームワークを活用すれば、テスト環境を構築運用したり、API仕様を提供するコストが激減し

ます。何よりも、ソースコードの変更がそのまま反映された、最新のテスト環境と仕様書を、労力なしに提供できる効果は絶大です。

　API を利用する側の開発はやりやすくなり、提供する側も変更のたびにドキュメントを改定する負担から解放されます。

●コミュニケーションツールを活用する

　アプリケーション間で連携するための Web API は、お互いのニーズや制約を適切に理解することが重要です。そのためには、お互いの開発チームのメンバーが共同の場所でコミュニケーションできるツールが役に立ちます。

　たとえばチャットサービスの利用です。即時性があると同時に、やりとりした情報もかんたんに記録し、あとから参照できます。任意の数の関係者が同じ情報を共有できる、かんたんですが強力な手段です。

　実際に API を動かしながらこのようなツールを使って疑問点の解消や API に対する改善要望をフィードバックすることで、より良い Web API を早く確実に提供できます。

● API の成長サイクルを回す

　Web API の開発を支援するフレームワーク／ライブラリ／コミュニケーションツールを活用することで、以下のサイクルを短い間隔で何回も繰り返すことがかんたんにできます。

- ・API 原案の提示と意見交換
- ・合意した API の開発
- ・テスト環境とドキュメントの自動生成
- ・フィードバック
- ・フィードバックをもとにした改良
- ・改良結果の確認

　このサイクルは Web API の初期の開発だけでなく、稼働後の修正や拡張でも役に立ちます。

■ 中核となるAPIのセットを設計する

このような開発手法は、小さな部品を用意するという API の設計方針とも一致します。

大きな API は、仕様の検討も実装も検証も時間がかかります。それに対して、用途が明確で小さな API は、検討も実装も検証もかんたんです。

そのような用途が明確で単純な小さな Web API の設計原則は次のとおりです。

- ・登録と参照を分ける
- ・リソース（データのかたまり）の単位を分ける

この 2 つを常に意識することが良い Web API の発見につながります。それぞれについて具体的に考えてみましょう。

●登録と参照は別の API にする

例として指定席を予約する API を考えてみましょう。

予約が POST されたときに、その結果は何を返すべきでしょうか。画面アプリケーションであれば、予約した内容の詳細を予約完了画面に表示するのが一般的でしょう。

この予約機能を実現する API 設計として次の 2 つの選択肢があります。

- ・POST のレスポンスとして、予約内容の詳細を返す
- ・POST のレスポンスは予約番号だけを返し、予約内容はその予約番号で別途 GET する

前者は、Web API ではなく Web サービスの発想です。

アプリケーションを組み立てるための部品としては、後者のように登録の API と参照の API を別々にしたほうが柔軟にアプリケーションを組み立てることができます。

250

表 予約と結果参照を分離したAPI

目的	API	説明
予約の登録	POST reservations	レスポンスとして予約番号 2345 を返す
予約の確認	GET reservations/2345	予約番号 2345 の内容を返す

　POST では、新たに作られたリソースの識別番号のみを返します。そして、その内容を確認するために、参照用の別の API を用意します。

　このように登録と参照を分けるのは、アプリケーション設計の一般原則です。そして、Web API をシンプルに保つための重要な設計原則です。

　登録と参照を分けると、POST のレスポンスは、予約番号を返すだけのシンプルな構成になります。

　予約の結果の参照方法や応答内容に変更があっても、予約登録の API に影響しません。参照の API を登録 API への影響を心配せずに修正や拡張ができます。

　参照と登録を別の API にするのは、関心事を分離し、プログラムの記述をわかりやすくシンプルにする設計の基本原則なのです。

●リソースの単位を分ける

　次のような会員情報の登録と参照を行う Web API を考えてみましょう。

・氏名
・性別
・生年月日
・連絡先
・住所

第8章 アプリケーション間の連携　251

表　会員情報の登録と参照

目的	API	説明
会員登録	POST members	会員情報を渡してレスポンスとして会員番号 1234 を受け取る
会員情報の参照	GET members/1234	会員番号 1234 の内容を返す

　この API 設計では、氏名だけが必要な場合でも、毎回、性別／生年月日／住所を取得することになります。

　そのやり方ではなく、用途別により小さな単位のデータを受け取る API を提供する方法があります。

リスト　用途別の小さな単位のAPIの例

```
GET members/1234/name           名前を返す
GET members/1234/gender         性別を返す
GET members/1234/dateOfBirth    生年月日を返す
GET members/1234/contactMethods 電話番号とメールアドレスを返す
GET members/1234/address        住所を返す
```

　アプリケーションによっては、生年月日ではなく、年齢を返す API のほうが便利かもしれません。あるいは一部の情報は不要かもしれません。

　情報を変更する場合も、毎回すべての情報を更新するのは良い API ではありません。変更が起きそうなリソースに限定した API を提供します。

リスト　対象のリソースを限定したAPIの例

```
POST members/1234/contactMethods/telephone  電話番号の変更
POST members/1234/address                    住所の変更
```

　このように、対象とするリソースを必要な最小の単位に分けることを重視して設計します。

また、使い方を限定した用途が明確な API を組み合わせるほうが、多様な機能を実現しやすくなります。そういう小さい単位の API に分けておけば、特定の API に修正や変更があっても、ほかの API への影響を小さくできます。

　単純でよく使われる API は早く安定します。修正や変更がだらだらと続き、なかなか安定しないのは、より小さな単位に分割すべき明らかな兆候です。

■ Web APIのバージョン管理

URI にバージョン番号を入れるという考え方があります。

リスト バージョン番号を入れたURIの例

```
http://api.example.com/v2/members
```

　しかし、プログラミングの部品を提供することを重視する Web API では、全体のバージョン管理を行うことにあまり意味がありません。

　リソースを小さな単位に分ける API では、新たな小さな API の追加が中心になります。その場合、既存の API には何も影響しませんから、API バージョンとして管理する意味がありません。現在の API セットが有効な唯一のバージョンとして提供し、利用すればよいわけです。

　あるタイミングでは古い API とそれに代わる新しい API が両方とも存在します。これは、プログラミング言語や標準ライブラリの API と同じです。そして、古い API はある程度の時間をかけて廃止していきます。

　廃止する場合は、一定の移行期間を設けて段階的に廃止します。この場合も API 全体のバージョンという管理ではなく、個別の API の廃止の予告と実施という流れになります。

第8章 アプリケーション間の連携　253

たとえば次のような手順で段階的に廃止します。

- ①新しい API を追加しても、互換性のため古い API も提供する
- ②古い API は残すが、「303 See Other」を返すように変更する（新しい API の情報を返す）
- ③古い API のレスポンスとして「404 Not Found」を返すように変更する
- ④ API 自体を削除する

▌ APIを複合したサービスの提供

　アプリケーション間で連携する場合、API を提供する側が部品だけでなく、もっとまとまった機能をサービスとして提供することも考えられます。この場合、API を提供する側は、2 階層で構築します。

- 複合サービスを提供するレイヤ
- 基本 API を提供するレイヤ

　アプリケーション間の連携では、API を提供する側は、API を利用する側のアプリケーションの背景／目的／機能をよく理解していません。API を提供する側が複合サービスを提供するには、API を利用するアプリケーション側に立った検討や設計に時間をかけることが必要です。API を提供する側がこういう体制を準備できることが前提です。

　複合サービスの提供はアプリケーション間の結合度を上げてしまいます。API を提供する側に、API を利用する側の知識が入り込んできます。その結果、お互いのアプリケーションの成長や、Web API の修正や拡張の障害になります。

　アプリケーションの独立性を維持するためにも、可能な限り複合サービスは、API を利用する側が開発すべきです。API を提供する側は、利用する側のアプリケーションを組み立てるための部品の提供に専念するのが、アプリケーション間の独立性を保つ良い API 設計の進め方です。

ドメインオブジェクトと Web API

データ形式とドメインオブジェクトを 変換する際に起こる不一致

ドメインモデルで設計した場合、Web API のおもな役割はドメインオブジェクトと、JSON などのテキスト表現との変換です。

GET リクエストは、ドメインオブジェクトを JSON 形式に変換して応答します。POST リクエストは、JSON 形式やフォームパラメータで送られてきたテキストデータをドメインオブジェクトに変換します。

しかし、このような JSON とドメインオブジェクトを単純に変換するだけでは不都合な場合があります。以下の不一致が大きい場合です。

・データ構造の不一致
・関心事の不一致

●データ構造の不一致

データ構造の不一致は、データ項目が多い場合に起きる問題です。ドメインオブジェクトはロジックの整理を軸にクラス分けします。オブジェクトのネットワーク構造である情報のかたまりを構成します。コードの重複を防ぐためです。

一方、API で使うデータ形式は、データだけが関心事です。できるだけ単純な構造のほうが使いやすくなります。データだけに注目した場合、ロジックの整理を重視したドメインオブジェクトの階層構造を、そのまま階層的なデータ構造として表現することは、あまり意味を持ちません。

第8章 アプリケーション間の連携　255

●関心事の不一致

ドメインオブジェクトの持つすべての情報が、API を利用する側で必要だとは限りません。また、ドメインオブジェクトが期待するデータ項目がすべて POST されるとは限りません。ある項目については、デフォルト値のような約束事で埋める処理が必要になります。

アプリケーションが異なる以上、このような関心事のずれはどうしても発生します。ずれが小さい場合は、ドメインオブジェクトと JSON の単純なマッピングで済ませることができます。しかし、ずれが大きい場合は、変換用の中間オブジェクトを用意したほうが、コードをシンプルに保ちやすくなります。

やり方としては、まずレスポンス用にドメインオブジェクトを変換します。

> **リスト** ドメインオブジェクトからレスポンスオブジェクトを生成する

```
class BookResponse {
    ...
    static BookResponse fromBook(Book book) {
        // Book オブジェクトから BookResponse を生成する
        // ファクトリメソッド
    }
}
```

この例ではレスポンス用のデータ形式に合わせた BookResponse クラスを用意しています。そして、そのクラスの static なファクトリメソッドを用意して、ドメインオブジェクト Book から、レスポンス用の BookResponse クラスを生成します。構造の違いや項目の違いを、このファクトリメソッドが吸収します。

次に、リクエストをドメインオブジェクトに変換します。

> **リスト** リクエストオブジェクトからドメインオブジェクトを生成する

```
class BookRequest {
    ...
    Book toBook() {
```

256

```
                //BookRequest から Book を生成する
        }
    }
```

HTTP で POST されたデータを、まず、BookRequest オブジェクトにマッピングします。BookRequest クラスに、ドメインオブジェクト Book を返す toBook() メソッドを用意します。

BookRequest クラスや BookResponse クラスは、プレゼンテーション層のビューとして定義します。ドメイン層のクラスとして Book を定義します。

すべての Web API でこのように変換を作り込む必要はありません。このような変換を採用するのは、ドメインオブジェクトと外部形式の不一致を吸収するための変換が必要なときだけです。

変換の複雑さを持ち込む理由は、ドメインオブジェクトにほかのアプリケーションのデータ形式や、JSON など実装依存のコードを持ち込まないためです。ドメインオブジェクトは業務の関心事だけに集中します。それ以外の関心事が紛れ込みそうになったら、変換のしくみをプレゼンテーション層に追加して、ドメインモデルへの悪影響を防止します。

単純な変換で問題がない限り、JSON とドメインオブジェクトは、フレームワークを使って、自動的に行うほうがコードをシンプルに保てます。

■ 導出結果か生データか

Web API の設計で悩ましい問題が、元データのままでやりとりするのか、加工や計算の結果をやりとりするのかの判断です。
たとえば次のような問題です。

・マスタ項目のコードと名称
・合計の計算
・日付データの形式

第8章 アプリケーション間の連携　257

●マスタ項目のコードと名称

選択肢は基本的に 3 つあります。

- ・コードのみ
- ・名称のみ
- ・コードと名称の両方

コードのみでやりとりする場合は、コードから名称を取得できる API を別途用意します。マスタ情報を API を使って共有することが必要な場合は、この方法を選択します。しかし、この方法は利用する側と提供する側が密に結合するため、基本的には避けたい設計です。

名称のみでやりとりする方法は、名称の重複の可能性があり、厳密さに難があります。しかし、もし名称のみで十分であれば、この方法はわかりやすくて良い選択肢です。たとえば都道府県は名称のみで十分なはずです。

コードと名称を両方やりとりする方法は、名称の重複を考慮する場合の選択肢です。この場合はコードから名前を取得する API は必要ありません。

●計算ロジックの置き場所

明細データの合計や誕生日から年齢の計算といった導出可能なデータをどうするか、という問題です。Web API が導出結果を返せば API を利用する側に導出ロジックは不要になり、コードがシンプルになります。一方、利用する側の細かい要求に対応するために、API を提供する側の負担が増します。

基本は、合計計算のロジックをどちらのアプリケーションが管理すべきかで判断します。API を提供する側が計算に関するロジックを管理する場合は、計算結果を返す API だけを提供します。合計の計算ルールが API を利用する側のアプリケーションに依存したロジックであれば、API は基礎データだけを返し、API を利用する側で計算します。

業務ルールとは呼べないような単純な合計計算の場合、基本的には利用する側がシンプルになるように API を提供する側で計算します。

基本データを提供する方式は、基本データの形式や内容の変更が利用す

る側のコードに大きく影響します。一方、導出結果を渡す API では、基本データの形式や内容に変更があっても利用する側への影響は少なくなります。

● 日付データの形式

日付のデータ形式も悩ましい問題です。API では次のような形式をよく使います。

リスト 日時の表示形式

```
2016-10-16T14:30:15+09:00
```

ISO 8601/RFC 3339/W3C の日付形式として標準化された形式です。

しかし、ライブラリや実行環境によって、この形式が実際にどのように解釈されるかはばらつきがあります。問題は最後の「+09:00」の部分、つまり、タイムゾーンを意識した表記です。

タイムゾーンが無視された変換が起きてしまうようなことが現実にあります。標準的に決められた形式を使っても、この形式をどう解釈するかはプログラミング言語やライブラリによって、本書の執筆時点では不確実です。どうすればよいでしょうか。

基本的には、日付と時刻は別の項目として扱うべきです。日付だけであれば、タイムゾーンに関係のないデータとして扱えます。

時刻も「+09:00」のような記述ではなく、「14:30:15」のように記述します。秒が不要であれば「14:30」のようにさらに簡略化します。その時刻を現地時間として解釈するか標準時間として解釈するかは、API の約束事として決めておきます。

このように、日時の扱いはできるだけシンプルに、かつ、あいまい性がないようにします。結果的に人間にとって日常使っている表現形式に合わせることになります。ISO 8601 の形式は、人間の関心事ではなく、プログラミングの関心事です。

人間にとって通常の表現に合わせておくほうが、まちがいが少なく、変更にも強い設計になります。

第8章 アプリケーション間の連携　259

複雑な連携に取り組む

　Web API を利用するアプリケーションが複数になると、API の設計と変更は一段と難しくなります。

　Web API を利用する相手が単独の場合、利用する側と提供する側でお互いの意図や都合を理解することは比較的かんたんです。また、どこで合意できるかの選択肢もある程度の範囲に限定できます。

　しかし、Web API を利用するアプリケーションが複数になると問題は複雑です。関係者が増えるほど、コミュニケーションの負担が膨らみます。関係者が増えるほど、あちらを立てればこちらが立たずになり、どこで合意するかの選択肢がはっきりしなくなります。連携先が複数になったときの Web API 設計はどうすればよいでしょうか。

共通部分と個別対応部分を明確にする

　接続相手が複数の場合も、それぞれの API を利用する側の目的や都合を理解するところから始めます。そして、API を次のような 3 種類に分けて検討します。

- コアとなる基本 API
- 拡張 API
- 個別対応 API

　コアとなる基本 API は、どの利用者にも共通する API です。基本 API は、関心事を小さな単位に分け、登録と参照を別の API にした、最小単位の API のセットとして提供します。コアの基本 API があれば、どの利用のニー

260

ズもいったん満たすことができます。

次に拡張 API を用意します。拡張 API は、利用者がより使いやすいように コアの基本 API を組み合わせた複合 API です。拡張 API も、どの利用者にも共通に使えるものだけを用意します。

これに対し、個別対応 API は特定の利用者のニーズを満たすための API の集合です。複合 API が中心になりますが、場合によっては基本 API を特別に変更した API の提供も選択肢に入れます。

コアとなる基本 API、拡張 API、個別対応 API の 3 つに分けるのは、API の拡張や修正を繰り返しても、見通しを良くし一貫性を保ちやすくするためです。

▌ APIを進化させる

個別の利用者のニーズを理解し、きめこまかに対応することは、API の設計方針として健全な方向です。しかし、個別対応の API が増え続ければ開発や運用が大変になるばかりです。どうすればよいでしょうか。

基本的なやり方は、次のとおりです。

- API を基本／拡張／個別対応にグルーピングする
- それぞれのグループの間で API を移動する

複数の利用者に同じような個別対応 API を提供していることを見つけたら、共通利用のための複合 API や基本 API に移動します。

基本 API や拡張 API を特定の利用者だけが利用していることに気がついたら、個別対応 API に移動します。

そうやって、共通性の高い部分、個別対応の部分を常に実情に合わせることを繰り返します。こういう整理を地道に続けることで、Web API の体系の一貫性を保ち、見通しの良い状態を維持できます。

こういう API の整理を頻繁に繰り返すことは、短期的にはコスト要因になります。しかし、少し長い目で見ると、このアプローチが関係者全員の利益になります。

第8章 アプリケーション間の連携　261

Web API を利用する側にとって、個別対応の API よりも共通の API で事足りるほうが安全で確実です。個別対応の API は、共通な API に比べれば機能の改善や信頼性の向上の頻度が低くなりがちだからです。

提供する側も、個別に対応するよりも共通 API が多いほど開発と運用の負担が軽減されます。

共通 API と個別対応の API が常に正確に把握できていれば、コストの管理や、今後の拡張や修正への投資の適切な判断がやりやすくなります。

個別のニーズに対応しつつ、ほかの利用者のニーズとも合致したら共通 API に組み込んでいくという進化型の Web API は、環境の変化に対応して API の価値を高め続けることができます。

進化しない API の場合と比べてみると、進化する API の価値がはっきりします。個別対応がなく進化もしない API は、しだいにニーズと合わなくなり、利用者側の負担を増やします。負担がある程度の段階まで大きくなれば、利用者はその API を使わなくなってしまいます。使われなくなれば、その API を維持／運用する費用対効果が急速に悪化します。その結果、ますます使いにくくなり、ますます使われなくなる悪循環です。

Web API は進化するからこそ利用され続けます。利用され続けるからこそ、発展できるのです。

■ 小さなアプリケーションに分けて組み合わせる

HTTP を使った Web API がかんたんに利用できるようになりました。また、アプリケーションの運用環境をクラウド上にかんたんに構築できるようになりました。その結果、システム設計の新しい考え方が生まれました。**マイクロサービス**と呼ばれる方式です。

マイクロサービスは、従来であれば、1 つのアプリケーションとして開発してきた内容を、複数の小さなアプリケーションに分割して、それを連携させることで全体の機能を実現しようという考え方です。

全体を小さな単位に分けて独立性を高め、ゆるやかに連携させるマイクロサービスの考え方は、オブジェクト指向設計とも共通します。そうすることで、さまざまな機能を柔軟に組み立てたり、個々の要素の修正や拡張

の影響を狭い範囲に閉じこめることができます。

　しかし、オブジェクト指向設計のもうひとつの基本である、設計の改善を繰り返す、という観点からはマイクロサービスには課題があります。

　オブジェクト指向では、良い設計は最初からは手に入らないことを前提にします。早い段階から実際にコードを書き、動かしてみながら改善を続けることが、良い設計に早く確実にたどり着くという考え方です。

　そのために、独立性の高い部品を作り、その部品を組み立ててみながら、組み立て方を工夫したり、個々の部品の設計改善を繰り返します。

　マイクロサービスも、最初から良い設計が手に入るわけではありません。インクリメンタルな設計が必要です。問題は、マイクロサービスは一度分割してしまうと、組み立て方の変更や、個々のマイクロサービスの修正や改善のコストが大きくなりがちなことです。

　マイクロサービスは、個々のサービスの独立性を高めるために、アプリケーションの実行基盤やデータベースも分割します。プログラミング言語やフレームワークや設計方針が、マイクロサービスごとに異なってもよいことが前提です。

　このような方針でアプリケーションを分割してしまうと、個々のサービスの担当範囲を改善したり、組み合わせ方の変更をするコストが跳ね上がります。使い出してから別のマイクロサービスでやるべきことを抱え込んでいたことがわかっても、それを別のマイクロサービスに移動することは、かんたんではありません。

　1つのアプリケーションであれば、実装技術／実行環境／データベースを共有しています。クラスの追加やロジックの移動は、かんたんにできる設計改善です。しかし、マイクロサービスとして分割してしまうと、ある業務ロジックを別のマイクロサービスに移動することが適切であることに気づくことさえ難しくなります。

　アプリケーションの対象業務の理解が不十分で、良い設計についてまだ十分な見通しがない段階で、机上の概念的な設計だけでマイクロサービスに分けてしまうと失敗する可能性が高くなります。

　マイクロサービスの方向に進む場合は、1つのアプリケーションの中で、境目がはっきりして設計が安定したところから別システムに分けていくの

が実践的なやり方です。

マイクロサービスへの準備として、1つのアプリケーション内のオブジェクト指向の設計の改善が大切です。

クラスやパッケージの依存関係を整理したり、重要な関心事とそうでない部分を明確に分離したり、中核となる部分の独立性を高めるための設計の改善を続けることが、大きなアプリケーションの構成要素と要素間の境目を明確にします。その結果、マイクロサービスの良さを活用できる分割方針が明らかになってきます。

■ 構造が複雑なデータの交換をどうするか

Web API はできるだけ単純なデータと機能に分割したほうが、修正や拡張がやりやすくなります。

しかし、業務のニーズとして、ある程度まとまった単位のデータをやりとりしたい場合があります。たとえば、注文内容に細かいオプション指定があるとか、注文ごとに詳細な仕様を添付する場合です。

交換する対象のデータが複雑になり、属性情報をメタ情報も含めて扱いたい場合は、JSON だけでなく XML も選択肢となります。JSON がプログラミング言語の基本データ型だけを使ったデータ交換を意図しているのに対して、XML はもっと複雑な情報を表現することを意図しています。

- 文章の構造を階層的な要素名（タグ名）の体系で表現する
- 要素ごとに、id、description、sequence などの属性情報を追加できる
- 文書名／作成者／文書の説明／有効期限など、文書のメタ情報を記述できる
- 要素名や要素の属性を使って、特定の要素を抜き出す操作がやりやすい

XML のようなデータの表現方式をマークアップ言語と呼びます。マークアップ方式の言語の代表が HTML です。Web ページのような複雑な情報を効果的に表現する手段として HTML は広く使われています。ほかにも、画面の視覚的な表現を制御する CSS は、要素名や要素の属性を使っ

264

て実現しています。検索エンジンのロボットが各ページの内容を判断するときには、<head> 要素に記述されたページのメタ情報を参照しています。

　Web ページ記述に特化している HTML に対し、XML は一般的なデータ交換を目的としています。HTML と同じように、文書の構造化、各要素の属性指定、メタ情報などを使ったさまざまな処理が可能になります。

　複雑な構造のオブジェクトをそのまま表現することを重視すれば、基本の選択肢は JSON よりも XML です。構造が変化したときに、JSON よりは、XML のほうが、対応が楽で安全です。

　JSON は、変数の名前／配列／マップというシンプルな表現手段しかありません。そのシンプルさが JSON の良さであり、普及の理由のひとつです。しかし、そのシンプルさは、ちょっとしたデータ形式の変更が思わぬ副作用を生む危険性をはらんでいます。XML であれば、データ形式の変更について要素の論理構造を使ったり、メタ情報や属性を使うことで表現できる情報の範囲が広がります。

　最近は、フレームワークが発達しているため、XML とオブジェクトの変換はかんたんです。API を設計するにあたり、やりとりするデータ項目が多く構造が複雑になる場合は、XML を選択したほうが、API の進化が楽で安全になります。

■ 非同期メッセージングを使ったアプリケーション間連携

　連携するアプリケーションが増えてくると、アプリケーション間の接続関係が複雑になります。その結果、アプリケーション間連携の改善や拡張が難しくなります。

　このような問題を解決するためには、Web API ではなく、非同期メッセージングによる連携が有力な選択肢になります。

　非同期メッセージングでは、アプリケーション間のデータのやりとりを、「メッセージ」を送ることで実現します。実現のしくみとして、個々のアプリケーションからは独立した、メッセージを伝達するための基盤ソフトウェアを用意します。

　そして、メッセージを送りたいアプリケーションは、メッセージング基

盤にメッセージを送ります。メッセージを受け取るアプリケーションは、メッセージング基盤からメッセージを受け取ります。

アプリケーションとアプリケーションの間にメッセージング基盤が介在するため、アプリケーション間の関係は間接的になります。メッセージを送るアプリケーションとメッセージを受け取るアプリケーションは、直接的には相手に接続しません。このアプリケーション間の独立性の高さが、非同期メッセージングの特徴のひとつです。

●相手のアプリケーションの稼働状況から独立してメッセージを送ることができる

非同期メッセージングでは、アプリケーションの直接の通信先はメッセージング基盤です。相手のアプリケーションとは直接の通信は発生しません。そのため、相手のアプリケーションが稼働していなかったり、大量のデータを処理するのに時間がかかっていても、それとは無関係にメッセージを送り出せます。

Web API では、相手のアプリケーションと直接通信するため、相手のアプリケーションの状態によって、エラーや処理待ちの遅延が発生します。

非同期メッセージングではこのような心配がありません。そのため、大量のデータを高速に処理しやすくなります。

また、連携のテストも、メッセージング基盤とのメッセージのやりとりのテストだけでよくなります。

さまざまなアプリケーションが複雑に連動する場合でも、個々のアプリケーションは、メッセージング基盤との通信インターフェースとの接続だけを意識して、独立して開発とテストを進めることができます。アプリケーション間の連携を非同期メッセージングで実現する大きなメリットです。

●共通の中間加工をやりやすい

アプリケーション間連携の課題のひとつが、お互いの関心事の構造や内容が完全には一致していないことです。

Web API を使ってアプリケーション間でデータをやりとりするためには、データ構造の変換やデータの表現形式の変換が必要になることがよくあります。

複数のアプリケーション間でデータをやりとりする場合、アプリケーション間の組み合わせごとに、このような変換のしくみを作るのは大変な作業です。また、あるアプリケーションが発信するデータの形式を変更した場合、関連するアプリケーションのあちこちに影響が波及します。

　メッセージング基盤を使ったアプリケーション間連携では、この問題を緩和できます。

　送信元のアプリケーションから受信先のアプリケーションの間にメッセージング基盤が存在します。このメッセージング基盤に変換のしくみを用意することで、個々のアプリケーションは変換を意識する必要がなくなります。

　また、メッセージの内容を判断してメッセージの配送先を変更したり、特定の条件に合致するメッセージだけを配送するようなフィルタリングのしくみを、メッセージング基盤に追加することができます。

　このようなしくみをうまく組み合わせれば、個々のアプリケーションは連携に必要な加工や判断処理から解放され、アプリケーション本来の処理に専念できます。その結果、個々のアプリケーションの構造が単純になり、アプリケーションごとの修正や拡張が楽で安全になります。

●人間の仕事のやり方に合わせた処理を実現しやすい

　非同期メッセージングのもうひとつの重要な特徴が、人間の仕事のやり方に近い方式だという点です。

　アプリケーション間でメッセージを送り合って非同期に連携する方法は、人間が電子メールを使って連絡し合う方法と同じです。

　多くのアプリケーションがそれぞれ独立して活動し、必要に応じてメッセージを送り合うのは、部門間や企業間の活動とコミュニケーションのやり方そのものです。

　つまり、非同期メッセージングは、人間の仕事のやり方をそのままシステムの処理形態に反映しやすいということです。

　これは、オブジェクト指向のアプリケーション開発の考え方と同じです。オブジェクト指向は、人間の関心事をそのままの単位でプログラミングの単位にすれば、プログラムの構造がわかりやすく、修正や拡張もやりやす

第8章　アプリケーション間の連携　267

いという考え方です。

　アプリケーション間の連携も、人間が実際にやっている仕事のやり方に合わせることで、システムの構造がわかりやすくなり、修正や拡張がやりやすくなるということです。

　非同期メッセージングを使ったこのようなアプリケーション間連携は、本書執筆時点では Web API ほど広く使われておらず、実践的なノウハウがまだ不足している状況です。しかし、これからは、人間の仕事のやり方にシステムの処理のやり方を近づけていく流れのひとつとして、非同期メッセージングを利用する機会が増えていくでしょう。

≫≫ 第8章のまとめ

- アプリケーション間の連携が、アプリケーションの価値を高める
- 連携方式はファイル転送／データベース共有／ Web API ／非同期メッセージングがある
- Web API の利用が広がっている
- 肥大化した Web API は使う側も提供する側も負担が大きい
- API の変更を楽で安全にするには、小さな API に分ける
- 小さな API を組み合わせたり一部を変更することで多様なニーズに対応できる
- API も進化することで価値を生む
- アプリケーション間を疎結合に連携する非同期メッセージングは今後の有力な選択肢

参考

『**Web API：The Good Parts**』
『**ドメイン駆動設計**』「第16章 大規模な構造」内の「進化する秩序（EVOLVING ORDER）」
『**マイクロサービスアーキテクチャ**』非同期メッセージングを使ったアプリケーション連携の参考情報「4.8 非同期イベントベース連携の実装」
『**Enterprise Integration Patterns: Designing, Building, and Deploying Messaging Solutions**』「Chapter 2：Integration Styles」「Chapter 3：Messaging Systems」

CHAPTER

9

オブジェクト指向の
開発プロセス

オブジェクト指向でソフトウェアを開発するためには、設計技法だけではなく、
開発の進め方でも考えるべきことがたくさんあります。
この章では、開発マネジメントの観点からオブジェクト指向の
開発の進め方を取り上げます。

開発の進め方は オブジェクト指向で変わったのか

■ 開発の基本はV字モデル

ソフトウェア開発のモデルとして、図9-1の **V字モデル** がよく知られています。

図9-1 V字モデル

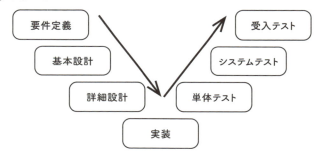

要求の分析から始まり、段階的に設計を詳細化し、実装に進みます。プログラムが動くようになったら、単体テストに始まり、段階的により大きな単位のテストに進みます。それぞれのテストは、V字の左側の分析や設計の工程と対応します。

オブジェクト指向でソフトウェアを開発する場合も、基本の流れは、このV字モデルに変わりはありません。

しかし、各工程をどういう体制で進めるか、どういう単位でそれぞれの活動を計画し実施するかが、従来のやり方とオブジェクト指向のやり方では大きく異なります。

従来のやり方では、V字モデルのそれぞれの工程は「フェーズ」です。

開発の最初の一定期間は要件定義だけを行います。次に基本設計に進み、基本設計の完了を待って詳細設計に進みます。また、各工程を担当するのは別の技術者／チームであることが一般的です。

これに対して、要求を分析しながら設計するオブジェクト指向の開発では、V字モデルの工程は作業の単位です。1日のうちに分析もすれば設計もして、コードを書いてテストする、というやり方です。分析／設計／実装／テストのすべての工程（作業）を同じチームが一貫して担当します。

なぜオブジェクト指向ではこのようなやり方をするのでしょうか。従来のやり方にはどのような問題があるのでしょうか。

■ 短期間で開発し修正と拡張を繰り返すことが重要になった

従来のやり方は、要件定義や基本設計に数ヵ月かけるのが当たり前でした。大きなプロジェクトでは、要件定義と基本設計に年単位の時間をかけることさえあります。

しかし、そのように時間をかける作り方が有効な分野はどんどんなくなってきています。基本的な理由は、経済活動の環境の変化です。かつては規格化された工業製品を大量に生産／販売するためのシステムづくりが大きな経済価値を生みました。パターン化された処理を、大がかりに自動実行する設備を何年も使い続けることに経済合理性があったのです。

しかし、現在は顧客のニーズが多様になり、事業環境は変化を繰り返します。インターネットとスマートフォンの普及はこの事業環境の変化を加速しています。そういう変化に対応するためには、事業のやり方や提供するサービス内容も変化し続けることが必要です。事業活動を支える道具である業務アプリケーションも、変化に対応するために、短期間で開発し、修正と拡張を繰り返すことが重要になりました。

変更を楽で安全にするオブジェクト指向は、そういう短期間の開発と変更を繰り返す必要性に適した技術なのです。

■ オブジェクト指向の開発はうまくいっているのか

オブジェクト指向は、20年ほど前におもにプログラミングの技法として急速に広がりました。どのプログラミング言語もオブジェクト指向に対応していることを盛んに宣伝しました。

その結果、現在使われている主要なプログラミング言語では、クラス宣言などオブジェクト指向のしくみが当たり前になっています。

プログラミング言語にオブジェクト指向が取り入れられたのと並行して、オブジェクト指向の分析設計のさまざまな手法が提案されました。クラス図などの標準的な記法を定めた統一モデリング言語（UML）もその流れの中で登場しました。分析や設計にクラス図やユースケース図が使われるようになりました。

しかし、業務アプリケーションの開発のやり方に大きな変化は起きませんでした。プログラミング言語やモデルの記法は変わっても、分析や設計ごとにフェーズを分け、各フェーズで別の技術者／チームが担当する開発のやり方は変わっていません。

オブジェクト指向のプログラミング言語やUMLを使うようになっても、分析／設計／実装を同じチームが担当し、短いサイクルで繰り返すオブジェクト指向らしい開発のやり方は広がっていません。

一方で、インターネットサービスの開発などでは、少数の技術者がすべての工程を担当するケースが増えています。しかし、こちらの場合は、分析や設計にほとんど時間をかけずに、とにかくプログラミングする、というやり方が多いようです。このやり方も、分析しながら設計するというオブジェクト指向らしい開発のやり方ではありません。

フェーズ分け／担当分けをする従来の開発のやり方でも、少数のチームでとにかくプログラミングするスタイルでも、オブジェクト指向の基本である分析と設計を一体にした開発のやり方は普及していないのです。

どちらのやり方でも変更がやっかいな
ソフトウェアが生まれやすい

　従来の開発のやり方だと、要件定義／基本設計／詳細設計は別の活動です。時期的にも離れた活動です。何よりも問題なのは、分析と設計の担当者が分かれるため、利用者の関心事の理解とプログラムの設計が不連続になります。その結果、本来は1つの関心事がプログラムのあちこちに書かれます。さらに、問題領域の構造とは異なる構造でプログラムが分割され、変更の要求に対して、いびつなソフトウェアの変更作業が頻発します。ソフトウェアの変更はやっかいで危険になります。

　一方、分析や設計をあまり行わないプログラミング重視の開発スタイルは、ちょっと規模が大きくなると、コードの見通しが急速に悪化します。さらに次から次へと増改築を繰り返しているうちに、手が付けられないほど理解が難しく、おいそれとは変更ができない大きなコードのかたまりが生み出されます。

　どちらのやり方でも、ソフトウェアの変更がやっかいで危険になるだけです。ではどのように開発を進めれば、オブジェクト指向設計が目指す変更が楽で安全なソフトウェアの開発を進めることができるのでしょうか。分析と設計を一体にやるオブジェクト指向らしい開発とは具体的にどのようなやり方でしょうか。

第9章　オブジェクト指向の開発プロセス　273

ドメインモデルを中心にした ソフトウェア開発の進め方

■ 業務ロジックに焦点を当てて開発を進める

業務アプリケーションの複雑さは、対象とする業務の構造や決め事の複雑さに対応します。ソフトウェア全体をわかりやすい構造で整理する基本は、複雑な業務ロジックをドメインモデルに集約し、整理することです。

そのためには、業務を理解し整理するための「分析」と、ソフトウェアとしての実現方法を考える「設計」を、同じ人間／チームが一貫して担当することが効果的です。

オブジェクト指向の狙いである変更容易性を実現する開発では、次の2点に焦点を当てることがマネジメントの軸になります。

- ・ドメインモデルに業務ロジックを集めて整理する活動
- ・要求の分析とソフトウェアの設計は同じ人間／チームが担当する体制

● 従来の開発の進め方

従来のやり方では、分析活動は開発の初期の段階で集中的に行います。分析を段階的に詳細化しながら大量のドキュメントを作成します。このやり方の場合、開発のマネジメントの主たる関心事はドキュメントになります。ドキュメントの作成量が進捗の指標です。

品質保証は、ドキュメント記述の網羅性と形式的な整合性のチェックです。特に機能要件を詳細に定義する次のドキュメントの作成が開発活動の中心になります。

- ・機能一覧

- 機能詳細説明
- 画面一覧
- 画面項目定義書

●オブジェクト指向らしい開発の進め方

　三層＋ドメインモデルで開発する場合、これらのドキュメントで記述する内容は、ドメインモデルの設計に対応します。分析と設計を一体で進めるオブジェクト指向の開発スタイルでは、このドキュメントを作成するための調査や分析作業は、ドメインモデルを設計し実装するチームが担当します。

　同じチームが担当するので、大量にドキュメントを作ってから、それをプログラミング言語で書き換えていく作業はムダです。分析しながら理解した内容を、直接ソースコードとして記録し、確認していくほうが効率的です。そして、業務を理解している人間が直接プログラムを書いているのですから、要求の取り違えや抜け漏れが起きにくくなります。

　つまり、分析と設計を同じ開発者が担当することで、大量のドキュメント作成が不要になり、開発のスピードも上がり、かつ、品質も向上します。

　分析と設計を同じ開発者が担当し、理解した要求を直接ソースコードとして表現するというやり方は、ドキュメントを重視した従来の開発の進め方とは、次の点で大きく異なります。

- ドキュメントの位置づけ
- 開発のマネジメントのやり方
  - 見積もりと契約
  - 進捗や品質の管理
  - 要員と体制

　それぞれについて、何が変わるか、そして、どのような点に注意しながら開発をマネジメントしていけばよいかを具体的に見ていきましょう。

ソースコードを第一級の ドキュメントとして活用する

■ 多くのドキュメントは不要になる

従来のソフトウェア開発では、ソースコードとは別にドキュメントを作成し維持することが重要な活動とされてきました。しかし、オブジェクト指向の開発では、分析と設計を同じ技術者が担当します。分析クラスがそのまま設計クラスになり、実装されたプログラムのクラス名やメソッド名が業務の用語や概念と一致するようになります。そうなると、ソフトウェア開発におけるドキュメントの位置づけが大きく変わります。

ドキュメントのおもな役割は次の3つです。

- **決定事項の記録（確認手段）**
- **伝達手段**
- **進捗の管理**

オブジェクト指向の開発では、従来の開発手法でドキュメントが果たしてきたこの3つの役割がどのように変化するのでしょうか。

まず決定事項の多くは、開発の早い段階からソースコードに記録されます。ほかの形式で二重に記録する必要はありません。その結果、何か変更があった場合も、ドキュメントとソースコードを二重に更新する必要がなくなります。

伝達手段としてのドキュメントの必要性もほとんどなくなります。分析する人間が設計し、設計内容をソースコードとして直接記録するのであれば、分析者と設計者、設計者と実装者の間で、ドキュメントを使って伝達する必要はありません。

伝達用のドキュメントが不要になることで、開発のやり方は大きく変わります。伝達ドキュメントを作成し維持管理するための人員と時間を劇的に削減できるのです。

進捗の管理も、ソースコードを管理すればよいわけです。ソースコードに業務要件の分析結果が反映されています。ドメインモデルのソースコードを見れば、分析がどの程度進んでいるかを適切に判断できます。

ドメインモデルのソースコードは、業務の用語、業務の知識を反映しています。パッケージ名、クラス名、メソッド名は、プログラミングの専門家でなくても、自然言語の文書を読むのに近い感じで内容を確認できます。コードを書く人間が分析を行い、業務を理解した内容を動くソフトウェアとして記述しているのであれば、開発の進捗を図る指標として、ソースコードがもっとも実体を正しく把握する手段になります。

もちろん、ソースコードを重視したこのやり方が効果を発揮するのは、ドメインオブジェクトのクラス名やメソッド名が、業務の体系や業務の詳細な関心事と一致していることが必要です。分析と設計が一致すれば、ソースコードがドキュメントとして機能します。

■ 重要になる活動

分析と設計を同じ技術者が進めるために、より重要になる活動があります。従来の開発のやり方でも、分析時に行われていた次の活動です。

- **対面の質疑応答**
- **ラフスケッチ**
- **質疑応答とその記録**

分析の基本手段は、要求を出す側やソフトウェアを利用する人と開発者との会話です。開発者に要求内容を的確に伝えるための基本手段が質疑応答形式の会話です。

分析の初期であれば、基本用語の説明が中心になるでしょう。ある程度、分析と開発が進むと、より深く理解するための議論が中心になります。

第9章 オブジェクト指向の開発プロセス　277

このような会話には、かんたんな絵を描くことで意思の疎通がはかりやすくなります。
　口頭の対話やホワイトボード上の絵は揮発してしまいます。従来は、記録のために議事録を作成することが多かったのですが、現在では、写真でかんたんに記録できます。そして、それをネットワーク上で共有することもかんたんです。従来の議事録にかわって、ホワイトボードの内容とかんたんなコメントをネットワーク上に保存するのが、手軽で確実な情報の共有手段です。

図9-2 ホワイトボードに描いたラフスケッチを撮影して共有する

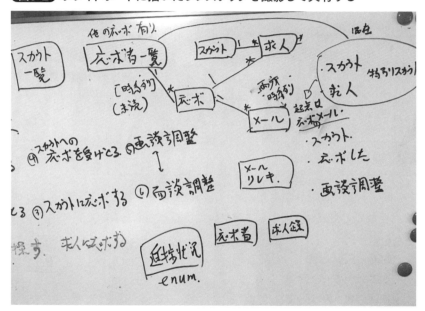

　また、電子メール、チャット、To-Do管理ツールなどのコミュニケーションツールは、質疑応答の記録手段としてたいへん効果的です。
　こういう写真やコミュニケーションツールにより、揮発しがちな分析の初期の情報もかんたんに保存できるようになりました。
　正式なドキュメントは、可能な限りソースコードに集中し、ホワイトボー

ドに描いたラフスケッチの写真やコミュニケーションツールを使うことが、確実で効率的な開発スタイルになるのです。

これが、分析と設計を同じ技術者が行い、初期の分析段階からコードでの表現を重視するオブジェクト指向らしい開発のやり方なのです。

■ 更新すべきドキュメント

ソースコードを主体にするのは、開発者にとっては確実で効率的な手段です。しかし、技術者ではない関係者にとって、やはりソースコードは読みやすい情報ではありません。

技術者以外の関係者と情報を共有するためには、どのような手段をとればよいでしょうか。

次の3つが基本になります。

- ・利用者向けのドキュメント
- ・画面や帳票
- ・データベースのテーブル名／カラム名とコメント

利用者向けのドキュメントとは、利用規約やユーザガイドです。アプリケーションの内容が変われば、とうぜん変更が必要です。開発ドキュメントではありませんが、ソフトウェアの開発や変更と関連して、作成し維持されるべきドキュメントです。

利用規約やユーザガイドは、技術者にとっても有用です。ソースコードでは表現しきれない業務の約束事や業務の手順をわかりやすく説明しているからです。

利用規約やユーザガイドは、外部仕様書の役割を果たします。ですので、開発の初期から、要件定義の手段として利用規約やユーザガイドのアウトラインを書き始め、開発が進むにしたがって、内容を充実させ、利用開始後のソフトウェアの変更を適切に反映することで、開発ドキュメントとしてもたいへん効果的な資料になります。

画面や帳票も同様です。利用者が業務に使っている画面や帳票は、詳細

第9章 オブジェクト指向の開発プロセス　279

な要求の実体です。利用者にとってわかりやすくデザインされ、項目名や視覚的な表現に気を配ってある画面や帳票は、アプリケーションの価値を高めます。同時に、要件定義書としても役に立ちます。

利用者が直接見る内容ではありませんが、データベースのテーブル名、カラム名、そしてコメントも重要なドキュメントになります。ソフトウェアのさまざまな機能やほかの関連システムとの連携手段としてデータベースは中心的な存在です。そのデータベースがどのように設計され、どのような意図や制限を持っているかは、システムを組み立てるための重要な情報になります。

データベースのコメントは丁寧に記述し、かつ、変更があった場合に適切に更新することが大切です。これも生きた仕様書になります。テーブル名やカラム名は、技術者以外の関係者でも比較的理解しやすい情報になります。

■ 全体を俯瞰するドキュメントを作成して共有する

システムの基本的な目的や、方向性を関係者で共有することも大切です。しかし、これはソースコードだけでは共有しにくい内容です。

基本目的や方向性を共有するための情報として次のものがあります。

- ・システム企画書やプロジェクト計画書のシステム概要説明
- ・プレスリリース
- ・リリースノート
- ・利用者ガイドの導入部
- ・営業ツールのキャッチフレーズ

これらの情報は、頻繁に更新されることはありません。しかし、重要な点を要約した貴重な情報です。

このようなシステムの価値や方針を要約した情報を関係者で共有することで、ボトムアップを基本とするオブジェクト指向の分析設計に芯を通し、全体的な整合性を維持することができます。

これらのドキュメントがすべての関係者に共有されるのは、最終版であることが多いものです。しかし、検討中のドラフト段階から共有したほうが、関係者の意識合わせには効果的です。初期の方針の理解や、検討段階での議論の内容は、システムの目的や方向性を共有するため価値のある情報です。

■ 技術方式のドキュメントもソースコードで表現する

技術方式や、非機能要件に関するドキュメントは、最近の開発技術の進展により役割や活用方法が変わってきました。

まず、技術方式については、インテグレーションや環境構築の自動化により、ソースコードの形式で記録し、実行することが普通になってきました。たとえば次のような自動化スクリプトです。

- ・ビルドスクリプト
- ・テストスクリプト
- ・環境構築スクリプト
- ・配置スクリプト

これらは、単に自動化のスクリプトとしてだけではなく、自己文書化の対象として、丁寧に記述するようにします。そうすれば、技術方式に関するドキュメントを別途作成してそれを維持管理する必要がなくなります。

技術方式の変更が必要になったときも、ドキュメントと自動化スクリプトを二重に管理する必要はありません。スクリプトコードを、そのまま文書として利用すればよいのです。

■ 非機能要件はテストコードで表現する

非機能要件は、早い段階からテストコードとして記述することで、ソースコードによる自己文書化が可能になります。

たとえば、以下のような内容です。

第9章 オブジェクト指向の開発プロセス　281

- 監視ツールの設定／実行のスクリプト
- 性能テストのコード
- 脆弱性診断
- 認証／認可のテスト
- 疑似的に障害を発生させ自動復旧することを確認するテストコード

性能要件は、負荷を生成するプログラムの記述として表現できます。セキュリティ要件も、脆弱性をテストしたり、不正アクセスの防止をテストするプログラムとして記述できます。

テストコードを書いても、すべてのテストの完全な自動化は難しいかもしれません。その場合も、テストコードの中に確認すべき内容や手順をテスト結果のログとして書き出すような工夫をすることで、一連のテストで担保すべき非機能要件をスクリプトの一部として記述できます。テストコードを文書としても活用する工夫です。

こういうビルドやテスト自動化のためのスクリプトの自己文書化が生まれ育ってきたのは、オブジェクト指向の分野からです。変更が楽で安全になることを重視しているオブジェクト指向では、ビルドやテストの自動化は重要な技術基盤です。

分析と設計が一体になった開発のやり方をマネジメントする

　開発プロジェクトのマネジメントやソフトウェア開発に関わる契約は、オブジェクト指向ではない開発のやり方や枠組みを、そのまま踏襲しているのが現状でしょう。

　ソフトウェア開発の管理に必要な要素や、開発に関わる契約行為の基本はオブジェクト指向の開発でもかわりません。しかし、オブジェクト指向による変更容易性、分析設計の一体化、ソースコードの自己文書化などを前提にすると、決め事ややり方は大きく変化します。

　従来のプロジェクト管理やソフトウェア開発の契約は、フェーズモデルが前提でした。しかし、分析フェーズ、設計フェーズ、実装フェーズというフェーズ分けは、オブジェクト指向の開発には向きません。分析／設計／実装を同じ技術者が切れ目なく担当することが基本だからです。

　プロジェクトの初日から開発者が分析活動に参加し、その時点で実装可能な設計を考え、コードでかんたんに書いてみるという開発のやり方になります。

　では、フェーズモデルではない、分析と設計が一体になった開発のやり方の管理や契約はどのようにすればよいでしょうか。

■ 見積もりと契約

　フェーズモデルの場合、分析や設計段階は、期間を決めて、その期間内の作業に対する対価を支払います。準委任契約と呼ばれる方式が一般的です。そして、分析と基本設計をもとに、詳細設計と実装の見積もりを行います。全体の見積もりは、分析と基本設計が終わっていることが前提です。

　これに対して、オブジェクト指向の切れ目のないやり方では、開発の初

日から分析し、設計し、実装も始まります。フェーズモデルでいえば準委任契約の段階です。開発者がコードを書き始めているけれども、まだ分析の段階だということです。

　フェーズモデルでは、一定期間、分析と基本設計を進めたあとで、見積もりを行います。そして、詳細設計と実装は、完成に対して対価を支払う請負契約の方式が一般的です。

　オブジェクト指向で開発する場合も、開発の初期は準委任の形式で分析／設計／実装を進め、見積もりの基礎情報が把握できてきたタイミングからは請負契約に切り替える、ということは可能です。双方にとってもリスクは小さくなります。これは結果としては、前半、つまり分析と基本設計の段階は準委任で契約し、後半の詳細設計と実装のフェーズは請負契約という、フェーズ方式の契約モデルと同じようになります。

　ただし、オブジェクト指向の変更容易性をより効果的に活かすには、後半も準委任の契約にすべきです。

　仕様の変更や開発の優先順位を変えたいときに、準委任契約のほうが柔軟に対応できます。オブジェクト指向で開発するよさは、変化に適応していくための、ソフトウェアの変更を楽に安全にする点です。そこを活かすためには、後半も準委任契約という形態がより合理的です。

　請負契約は、発注側も受注側もリスクの多いやり方です。要求が変化したときに、契約に縛られて柔軟に対応できません。事業環境の変化が止まらない現在の状況では、変化に対応しにくい固定的な決め事は大きなリスクなのです。

■ 進捗の判断

　分析と設計実装を一体で進めるオブジェクト指向らしい開発であれば、進捗はソースコードと動くソフトウェアで判断できます。

　分析と設計が一体となるオブジェクト指向では、どの程度分析や設計が進んでいるかは、直接的にソースコードで判断します。

　特にドメインモデルのパッケージや主要なクラスは、どこまで分析が進んでいるかの重要な指標です。

ドメインモデルのパッケージ名やクラス名が充実し、安定してくれば、それは進捗の良い指標です。そして、画面が動かないまでも、テストコードを使って実際に動作させることで、確実な進捗を判断できます。

　時間とともに、データベースに実際に読み書きが行われ、画面が動くようになります。そうなれば、利用者の目線で、進捗を測定できます。

　フェーズ方式の場合は、最後の最後まで進捗は作業者の自己申告頼りになります。ドキュメントの完成を指標にした進捗判断は、表面的には進捗しているように見えても、実態を表していないリスクが常に付きまといます。いくらドキュメントを作っても、動くソフトウェアになる保証がないからです。実装のフェーズに入っても、進捗は開発者の申告任せになります。特にデータクラスと機能クラスに分割し、かつクラスが大きい設計だと、作業をしていることは事実でも、どこまで進捗して、あとどのくらいの作業が必要かを正しく判断することが難しいのです。

　それに対し、オブジェクト指向で分析設計し、業務の用語の単位にパッケージ、クラス、メソッドが作成されていると、小さな単位で、かつ、業務の関心事の単位で、進捗を判断できます。

　ドメインモデルという、ソフトウェアの中核部分のソースコードが業務の言葉と対応して記述されているので、プログラミングの専門知識がなくても業務の知識があれば、進捗を適切に判断できるようになるのです。

■ 品質保証

　品質については、分析者が設計と実装を行うことのメリットは計り知れません。業務アプリケーションの品質は、ソフトウェアに正しい業務知識が記述されているかどうかに関わっています。業務を理解している技術者が分析を行い、プログラムを直接書いているので、思わぬ勘違いや致命的な抜け漏れは起きにくくなります。

　開発者テストも、技術視点ではなく、業務視点で行います。それにより、業務アプリケーションとしての信頼性が大きく向上します。伝言ゲームの失敗や、開発者の業務知識の欠如が原因になる、致命的な破たんは起きることはまずありません。

第9章　オブジェクト指向の開発プロセス　285

分析／設計／実装を同じ技術者が担当している場合、ソフトウェアの品質の判断を最もかんたんで確実に行う方法は、その技術者と会話してみることです。その技術者が、業務の言葉で開発している内容を説明できれば、そのソフトウェアの品質は高いと判断してまちがいありません。仮にミスや見落としがあっても、かんたんに修正できる軽微な内容のはずです。

　逆に、開発者が業務の言葉でうまくしゃべれていなかったり、業務の担当者との会話がぎくしゃくしている場合は、注意が必要です。表面的には動いていても、大きな欠陥やとんでもない勘違いが埋め込まれている危険があります。

　ソースコードレビューも、このように開発した担当者の業務用語の使い方に注目して判断するのが実践的で効率的なやり方です。同じ開発者に分析設計と実装までを担当させるオブジェクト指向らしい開発のやり方です。

■ 要員と体制

　分析、設計、実装を分けるという役割分担が広く行われています。そういう環境で育った技術者の多くは、プログラミングはできるが分析を行うにはスキル不足、経験不足というのが実情です。

　かといって、ドキュメント作成しか経験がない技術者では、実際のプログラムを書いて動かすスキルが足りません。

　プログラミング中心に経験を積んできた技術者も、ドキュメント中心に経験を積んできた技術者も、どちらも分析と設計を一体で進めるための知識と経験が足りません。

　分析と設計を一体で進めるための体制を整えるにはどうすればよいでしょうか。

　現実的には、プログラミングの経験とスキルのある技術者の中から、アプリケーションの対象領域についての知識があったり、対象となる業務に関心が強い人員を選んでチームを作るのが、オブジェクト指向で開発する体制としては確実でしょう。

　プログラムを書くスキルがあっても、業務に興味がないし、分析のスキ

ルを習得する意欲に欠ける人がいることも事実です。しかし、考えてみてください。アプリケーションの対象業務に興味がなく、業務要件の理解や整理のスキルのない人間が書いたプログラムに期待できるでしょうか。おそらく表面的に動いてはいても、勘違いや判断ミスによる致命的な欠陥があちこちに残っているはずです。また、業務知識が乏しい技術者がいくらオブジェクト指向でプログラミングしても、業務アプリケーションとしての変更容易性は達成できません。

プログラミングスキルのある人間は、能力的には業務要件を理解し設計に反映することに何も問題がありません。あとは、本人の意欲と、まわりの支援の問題です。

プログラミングが一定レベルでできることを条件に、業務要件に関心を持つ人間を選び、業務要件をそのままソースコードで表現できる人材を、公式にも非公式にも評価することで、業務アプリケーションの開発を担う人材を確保し育成できるのです。

オブジェクト指向は、人間のモノゴトのとらえ方と、プログラムの設計単位とを一致させる技法です。オブジェクト指向のスキルを持つ技術者とは、業務の活動や構造を理解することに興味がある技術者なのです。

››› 第9章のまとめ

- オブジェクト指向の良さを活かすには分析と設計を一体にした開発のやり方が必要
- 分析工程と設計工程を分割しない
- 分析と設計を同じ人間が担当する
- 分析設計の成果はコードで表現する（自己文書化）
- 更新すべきドキュメントは利用者ガイドや業務マニュアル
- ソースコードを中心に進捗と品質をマネジメントする
- 対象業務の理解と整理に意欲がある技術者を選んで育成する

CHAPTER 10

オブジェクト指向設計
の学び方と教え方

この章では、オブジェクト指向の基本を理解し、オブジェクト指向の考え方とやり方を
チームで共通理解にするための学習方法を説明します。

オブジェクト指向を
学ぶハードル

■ オブジェクト指向の説明は意味が不明

　これまでに説明してきたオブジェクト指向の設計の考え方とやり方を開発チームとして実践するには、メンバー全員がある程度のオブジェクト指向の知識と経験を持っていることが必要です。

　しかし、現実にはソフトウェア開発の経験は豊富だが、オブジェクト指向には不慣れなメンバーもいるし、ソフトウェア開発の経験そのものが不足しているメンバーもいます。そういう人たちにオブジェクト指向の考え方とやり方を教えることは、開発を成功させるための重要な活動です。どのように、オブジェクト指向を学び教えていけばよいでしょうか。

　私が最初にオブジェクト指向を本で読んだときには、まったく内容が理解できませんでした。次のような言葉が何を意味しているのか、推測すらできませんでした。

- **オブジェクト**
- **クラス**
- **インスタンス**
- **カプセル化**
- **多態（ポリモーフィズム）**
- **継承（インヘリタンス）**
- **インターフェース**

「哺乳類」「イヌ」「ネコ」というたとえ話や、クラスは設計図とか、タイ焼きの型とか言われても、何のことやらちんぷんかんぷんでした。

次のような説明も、言葉としては何となく理解できますが、やはり釈然としません。

- **オブジェクト同士の相互作用としてシステムの振る舞いをとらえる考え方**
- **操作の手順よりも操作の対象に重点を置く考え方**

どうも、オブジェクト指向は言葉ではうまく説明ができないもののようです。

なぜオブジェクト指向で設計すると良いのかがわからない

オブジェクト指向で設計すると何が良いのかという説明もはっきりしません。次のような説明を目にします。

- **コードのかたまりを部品化して再利用できる**
- **拡張や修正が容易になる**
- **バグが少なく品質が安定する**

言葉だけ見れば良いことが並んでいます。しかし、なぜそうなるのかという説明もないし、どれだけの効果を期待できるのかといった具体的な説明も見かけません。

オブジェクト指向で設計したときに、どのような良いことがあるかを実感するのはなかなか難しいと思います。

2、3のクラスを試しに書いてみたり、数行のコードをオブジェクト指向らしく修正してみても、「変更が楽に安全になった」と実感できることはあまりないでしょう。

オブジェクト指向の良さを実感するには、ある程度の規模のプログラムが必要です。そして、オブジェクト指向で設計したプログラムを、何度も修正や拡張を繰り返す機会が必要です。

しかし、そのような機会は少ないのが現実です。多くの方は、次のような状況ではないでしょうか。

第10章 オブジェクト指向設計の学び方と教え方　291

- 最初のリリースのための開発には参加したが、それ以降のソフトウェアの改善作業は別の人が担当して、自分の開発したソフトウェアの改善経験がない
- 既存コードの改善作業を担当しているが、目先の個々の修正要求をこなすことだけを求められていて、クラスやメソッドを抜き出して設計改善をする機会がない

■ オブジェクト指向をどうやって学ぶか

オブジェクト指向の説明はわかりにくく、本を読んで理解するのは難しい。オブジェクト指向の設計をわかりやすく教えてくれる先輩や上司が周りに少ない。コードの具体例で勉強したくても、良い例が見当たらない。

このような状況で、どうやってオブジェクト指向を学べばよいのでしょうか。

おすすめする学び方は次の2つです。

- 既存のコードを改善しながらオブジェクト指向設計を学ぶ
- やや極端なコーディング規則を使ってオブジェクト指向らしい設計を体で覚える

前者は、日々の開発や保守の作業の中で少しずつ始めることができる実践的な学習方法です。

後者は、多くの開発者が無意識にとらわれている手続き型のプログラミングの発想から抜け出し、オブジェクト指向らしい発想に目覚めるための、ちょっと過激な練習方法です。

それぞれのやり方について、具体的に説明します。

既存のコードを改善しながらオブジェクト指向設計を学ぶ

■ 実際のコードで設計の違いを知る

　オブジェクト指向が威力を発揮するのは、ソフトウェアを変更するときです。ソフトウェアの規模が膨らみ、最初の開発から何年も経過し、修正や拡張が繰り返され、コードが入り組んだ変更がやっかいなプログラム……。そういうプログラムこそ、オブジェクト指向の設計の考え方とやり方を学ぶ、絶好の教材です。

　オブジェクト指向の説明をいろいろ読むよりも、コードの書き方の違いが、変更のやりやすさ／やりにくさに、どうつながるのかを実際のコードで体験するほうが、オブジェクト指向の考え方とやり方をかんたんに確実に習得できます。

　変更が大変なプログラムは、たいていメソッドが長くクラスが巨大です。オブジェクト指向を学ぶ第一歩は、こういう変更がやりにくいコードを、短いメソッドや小さなクラスにうまく分解してみることです。このとき、分解前と分解後でどのような違いが生まれるかをしっかり観察します。

　既存のコードの設計を改善しながらオブジェクト指向を学ぶためのすばらしい参考書が『リファクタリング』です。特に「第3章　コードの不吉な臭い」は、変更に苦しんだ経験がある技術者であれば、だれでも思いあたる内容ばかりでしょう。

第10章 オブジェクト指向設計の学び方と教え方　293

図10-1『新装版 リファクタリング　既存のコードを安全に改善する』

著：Martin Fowler
訳：児玉公信、友野晶夫、平澤章、梅澤真史
2014年、オーム社

　その不吉な臭いを放っている箇所を、『リファクタリング』に紹介されている技法を使って設計を改善してみると、ソフトウェアが見違えるように読みやすくなり、変更すべき箇所が減り、変更の副作用も狭い範囲に閉じ込めることを実感できます。

　プログラムに修正や変更が必要になったときは、既存のコードに「不吉な臭い」がないか、必ず確認してください。少しでも嫌な臭いがあれば、まずリファクタリング（設計改善）してコードを整理することを考えます。

　「不吉な臭い」が充満した、読みにくく変更がやっかいなプログラムとそのまま格闘するよりは、一度リファクタリングをしてから、目的の修正をしたほうがはるかに安全でかんたんになることを実感できるはずです。

　典型的な不吉な臭いと、リファクタリングの基本的なやり方を説明します。

重複したコード

　本書で何度も取り上げてきたように、重複したコードは変更を大変にします。コードを読む範囲が広がり、修正箇所は増え、副作用がないことを確認するテストも広い範囲をカバーする必要があります。

　重複したコードを見つけたら、次の改善をやってみましょう。

- 重複したコードをメソッドに抽出する
- 重複した箇所を、抽出したメソッドを呼び出すように書き換える

　1つのクラス内での重複は、メソッドの抽出だけでなくすことができます。複数のクラスにコードが重複していたら、次のどちらかを考えます。

- **抽出したメソッドをどちらかのクラスだけに置き、ほかのクラスからそのメソッドを呼び出す**
- **抽出したメソッドを置くために新しいクラスを作成する**

　抽出したメソッドを置くクラスの第一の候補は、抽出をしたメソッドが使うデータを持っているクラスです。データを持つクラスから getter メソッドを使ってデータを取得していたら、そのクラスにメソッドごとロジックを移動します。データとロジックが同じクラスに収まるようするのがオブジェクト指向の基本です。データとロジックが同じクラスにまとまっていれば、重複したコードをあちこちに書く必要がなくなります。データを持っているクラス1ヵ所にコードを書くだけです。

　1行の計算式でも、重複していると判断したら、積極的にメソッドに抽出します。そういうメソッドを利用するためにクラスを作ることも積極的に試してみます。

　もちろん、クラスやメソッドを作ることは、ひと手間かかります。しかし、そのひと手間がコードを読みやすくし、変更をやりやすくします。

　コードの重複をなくすと変更が楽になる…… それを実感することが、オブジェクト指向を学ぶ大切な一歩です。

■ 長いメソッド

　長いメソッドはコードの重複の原因です。メソッドが長いと、そのメソッド内のコードの一部を、ほかのメソッドやクラスからは利用できません。同じようなロジックを、あちこちのメソッドに重複して書くのが当たり前になってしまいます。

第10章　オブジェクト指向設計の学び方と教え方　295

長いメソッドは、読むのも大変です。コメントを入れたり、段落に分けたり、インデントを使ってコードのブロックを可視化します。このコメント／段落／インデントは、メソッド抽出の手がかりです。コメントや段落の区切りごとに、コードのかたまりをメソッドとして抽出します。インデントが深い場合、まず、一番深いインデントの内容をメソッドに抽出します。さらに次のインデントをまたメソッドに抽出します。

　こうやってメソッドの抽出を繰り返すと、100行を超えるメソッドが、数個のメソッドを呼び出すコードに簡素化できます。

　その結果、長いメソッドのときにははっきりしなかったコードの重複や処理の重複が見つかることがよくあります。

　コードの重複を発見したら、前述の「重複したコード」をなくすリファクタリングの出番です。

■ 巨大なクラス

　巨大なクラスも、コードの見通しを悪くし、変更をやっかいにします。巨大なクラスには3つのパターンがあります。

- ・インスタンス変数が多い
- ・メソッドが巨大なデータクラスを受け取る
- ・メソッドがたくさんの引数を受け取る

●インスタンス変数が多い

　インスタンス変数が多いのは、画面やデータベースのデータを格納するために作ったデータクラスにロジックを追加した場合です。

　インスタンス変数が多い場合のリファクタリングの基本手順は次のとおりです。

- ・（メソッドが長い場合）いくつかの短いメソッドに分解する
- ・一つひとつのメソッドがどのインスタンス変数を使っているか調べる
- ・使っているインスタンス変数ごとにメソッドをグループに分ける

・グループごとに別のクラスを作成し、そこにそのグループのインスタンス変数とメソッドを移動する

　この結果、巨大なクラスから特定のインスタンス変数だけを操作するロジックはなくなります。抽出したクラスのオブジェクトをインスタンス変数に持つ、コードの少ない見通しの良いクラスに改善できます。
　改善後のクラスのメソッドは、参照する複数のクラスをまたがって使うロジックだけになります。

●巨大なデータクラスを受け取っている

　巨大なデータクラスを受け取っている場合は、データを持つクラスにロジックを移動することを考えます。ロジックを移動しやすくするために、前述の「長いメソッド」で行ったメソッドの抽出を徹底します。
　データクラスにロジックを移動すると、そのデータクラスにロジックが集まり、最初の「インスタンス変数が多い」パターンと同じになります。関連するインスタンス変数とメソッドをグループ分けし、グループごとにクラスに抽出します。

●メソッドの引数が多い

　この場合は、すべての引数を持つ、引数の入れ物クラスを作ります。その結果、前述の巨大なデータクラスを受け取るパターンと同じ構造になります。引数データを持つクラスにロジックを移動し、さらに、インスタンス変数とメソッドをグループ化して別々のクラスに分解します。

■ リファクタリングは部分的に少しずつ

　長いメソッドや巨大なクラスの設計を改善するときに、メソッド全体、クラス全体を一度に変更することは危険です。また、その必要もありません。
　まず、修正や拡張の対象になる箇所に絞って、長いメソッドの一部、巨大なクラスの一部のコードの書き換えをやってみます。一度に抽出するメ

第10章　オブジェクト指向設計の学び方と教え方　　297

ソッドは多くても3つ、クラスの抽出は多くても1つくらいにします。

　この程度のコードの書き換えであれば、危険も少なく安全にできます。ただし、効果はあまり実感できないかもしれません。

　小さな改善を問題なくできたら、さらにいくつかのメソッドの抽出を試み、適宜、クラスを1つ抽出してみます。

　今度は、1回目の効果と合わさって、もとの長いメソッドや巨大なクラスの見通しが良くなったことを実感できるはずです。

　この段階で、本来のコードの修正が楽で安全にできそうであれば、リファクタリングはいったんやめます。

　設計を改善した長いメソッドや巨大なクラスが、次に、別の変更の対象になったときに、また、必要な箇所を、必要なだけ、少しずつリファクタリングします。

　こうやって、プログラムの変更のたびに、変更が楽で安全になるようにコードの書き方を少しだけ改善することを何回も経験すると、短いメソッドと小さいクラスが、コードを読みやすくし、重複したコードをなくし、変更箇所を減らし、変更の副作用の心配がなくなることが実感できるはずです。これがオブジェクト指向で設計する効果です。

■ 組み立てやすい部品に改善する

　リファクタリングによって短いメソッドと小さなクラスを作ることで、変更の対象箇所の見通しを良くし変更が楽で安全になることを実感できたら、次は小さな部品の改良を行います。

　小さいからといって組み立てやすいとは限りません。長いメソッドを分解したときに適切だったメソッドが、ほかの用途に再利用するときに便利とは限りません。

　オブジェクト指向の設計の良さを引き出すには、小さな部品たちを、より使いやすく改良することを繰り返すことが大切です。

　たとえば、次のような改善です。

　・名前を変更する

298

- クラスにロジックを追加する
- 小さなクラスを束ねるクラスを追加する

●名前の変更

名前の変更は重要です。長いメソッドから抽出したメソッドの名前や、巨大なクラスから抽出したクラスの名前は、その抽出のときには適切な名前だったかもしれません。

しかし、抽出したメソッドやクラスをほかのクラスから利用するときに、その名前は違和感があるかもしれません。抽出したときの名前は、抽出元を前提にした名前になっています。使う立場から名前を考えてみると、もっとぴったりの名前が見つかるかもしれません。

そういう使う立場からみた良い名前を発見できると、小さな部品の効果が倍増します。どこに何が書いてあるか見つけやすく、コードの再利用を促進します。

●クラスにロジックを追加する

巨大なクラスから抽出したクラスのロジックは、抽出元のクラスに書いてあったロジックのみです。

しかし、抽出したクラスが持つデータを使うロジックがほかのクラスに書かれているかもしれません。

そういうロジックを見つけたら、抽出したクラスにどんどん追加していきます。そうやって、同じデータを使うロジックを集めて整理することで、この抽出したクラスはさまざまな判断／加工／計算をしてくれる便利な部品に成長します。

成長の結果、そのクラスが巨大になったらクラスの抽出を行います。

こうやって設計の改善を繰り返すことが、コードの見通しを良くし、変更を楽で安全にするオブジェクト指向らしい設計活動なのです。

●小さなクラスを束ねるクラスを追加する

小さなクラスによってコードの再利用が進むと、たくさんの小さなクラスを組み合わせて使うことになります。

第10章　オブジェクト指向設計の学び方と教え方　299

そのときに、同じような組み合わせパターンを何度も繰り返し利用していることに気がつくことがあります。

　その場合、組み合わせて使う一連のクラスをインスタンス変数に持つ、束ね役のクラスを作ってみます。

　使う側のクラスから見ると、この束ね役のクラスだけを知っていればよくなります。その結果、組み合わせて使っていた側のクラスのコードがシンプルになります。

　こうやって、複数のクラスをまとめて1つの仕事をするようにする、束ね役のクラスを作ることも、オブジェクト指向設計における大切な工夫です。

■ 設計は少しずつ改良を続ける

　リファクタリングは、設計の改善活動です。そして、これがオブジェクト指向設計の基本です。

　手続き型のプログラミングでは、設計は、プログラミングの「前」の作業でした。プログラミングを始めたあとの設計変更は避けるべき手戻りでした。

　オブジェクト指向では、事前に設計を固定するアプローチではありません。開発の過程で、より良い部品を見つけたり、既存の部品を使いやすく改良することがオブジェクト指向の設計です。

オブジェクト指向らしい設計を
体で覚える

■ 古い習慣から抜け出すためのちょっと過激なコーディング規則

『リファクタリング』と並んで、実際のコードを書き換えながら、オブジェクト指向のやり方と考え方を学べる練習方法があります。

『ThoughtWorks アンソロジー』という参考書の第 5 章で「オブジェクト指向エクササイズ」として紹介されている次の 9 つのルールです。

- ルール 1：1 つのメソッドにつきインデントは 1 段階までにすること
- ルール 2：else 句を使用しないこと
- ルール 3：すべてのプリミティブ型と文字列型をラップすること
- ルール 4：1 行につきドットは 1 つまでにすること
- ルール 5：名前を省略しないこと
- ルール 6：すべてのエンティティを小さくすること
- ルール 7：1 つのクラスにつきインスタンス変数は 2 つまでにすること
- ルール 8：ファーストクラスコレクションを使用すること
- ルール 9：getter、setter、プロパティを使用しないこと

図10-2 『ThoughtWorksアンソロジー　アジャイルとオブジェクト指向によるソフトウェアイノベーション』

著：ThoughtWorks Inc.
訳：㈱オージス総研、オブジェクトの広場編集部
2008年、オライリージャパン

　手続き型プログラミングのスタイルに慣れていると、どのルールも異様で非現実的に感じるかもしれません。
　しかし、オブジェクト指向らしい設計にとっては、どのルールも当たり前の感覚なのです。
　なぜこのルールがオブジェクト指向らしい設計になるのかをまず知識として理解して、実際にコードでいろいろ試しているうちに、自然にオブジェクト指向らしい設計を体得できるように工夫された練習方法です。
　最初はどのルールも、従うのが難しく感じるかもしれません。ルールを守るためには、今までとは違った「不自然」な書き方をすることになります。それがこの9つのルールの目的です。
　最初は不自然だと思っていた書き方が、実際に書いてみると、今まで想像もしていなかった設計のアプローチがあることに気がつきます。そして、ルールに従ったそういう新しい書き方を何度か繰り返していると、いつのまにか、意識せずにオブジェクト指向らしい書き方ができるようになっているはずです。
　それぞれのルールについて具体的に考えてみましょう。

● 1つのメソッドのインデントは1つまで

　1つのメソッドのインデントは1つまでというのは、前述のリファクタ

リングで「メソッドの抽出」を徹底するためのガイドラインです。

一番深いインデントの処理をメソッドに抽出し、次のインデントをさらにメソッドに抽出するというパターンです。

インデントは1つの処理単位です。そして、オブジェクト指向の発想は、その単位をメソッドとか、クラスに抽出して部品化することです。

● else 句を使わない

本書の第2章「場合分け」で説明した内容です。

else 句は、if 文を複文構造にして読みにくくします。また変更をやっかいにします。第2章で説明したように、ガード節と早期リターンを組み合わせることで、else 句をなくし、複文を単文にできます。

このルールも、ロジックのかたまりをメソッドに切り出して、それぞれの部品（メソッド）の独立性を高くするオブジェクト指向らしい設計への良い指針です。

● すべてのプリミティブ型と文字列をラップする

第1章で説明した「値オブジェクト」です。

数値や文字列を判断／加工／計算するロジックをデータを持つクラスに置くことで、コードの重複が減り、変更の影響範囲を1つにクラスに閉じ込めることができます。

プリミティブ型や文字列を引数として渡したり、メソッドの戻り値として使うと、ロジックがどこに書いてあるかわかりにくくなります。

ロジックと、そのロジックが使うプリミティブ型や文字列型のデータが、いつも同じクラスにまとまっていることが、オブジェクト指向設計の基本です。

● 1 行につきドットは 1 つまで

「else 句を使わない」と同じく、複文構造を単文に分解することを狙ったルールです。

ドットを使って複数のメソッドを連ねた文は、意図がわかりにくくなります。また、同じ処理があちこちに重複して書かれる原因になりがちです。

第10章 オブジェクト指向設計の学び方と教え方　303

ドットで連結した長く続いた式の、一部だけをほかの場所で再利用できないからです。

このルールを実践する方法は、ドットの1つごとに説明用の変数に代入して、別の文に分けることです。説明用の変数名で意図を明確にします。

一つひとつの処理が独立すれば、メソッドの抽出やクラスの抽出によって、コードの再利用の機会も増えます。

●名前を省略しない

オブジェクト指向は、利用者の関心事とソフトウェアのプログラム単位とを直接的に関係づける技法です。そうすることで、どこに何が書いてあるかがわかりやすくなり、変更の対象箇所を特定しやすくなります。

そのためには、パッケージ名／クラス名／メソッド名／変数名が利用者の関心事に一致していることが重要です。

プログラミングの習慣として、数量（Quantity）をqやqtyと省略する名前をよく見かけます。これは悪しき習慣です。ソフトウェアをわかりやすく保つため、名前は普通の単語を使います。そうすることで利用者の関心事とプログラムの対応が取りやすくなり、変更が楽で安全になります。

●すべてのエンティティを小さくする

オブジェクト指向では、メソッドは短くなります。データを持つクラスにロジックを移動し、そのクラスに処理を依頼するため、そのクラスを使う側のコードがシンプルになります。

インスタンス変数とメソッドの結びつきごとにグルーピングしてクラスを抽出すれば、クラスは必然的に小さくなります。

クラスは数が増えてきたら、パッケージでグルーピングします。多くのクラスは、パッケージに閉じて仕事をすれば十分です。

長いメソッド、巨大なクラス、クラス数の多いパッケージは、設計がうまくいっていない兆候です。

オブジェクト指向は、短いメソッドと小さなクラスでプログラムを組み立てる技術です。大きなメソッド／クラス／パッケージは、いつも小さく分解することで、オブジェクト指向らしい設計の改善ができます。

私が使っているガイドラインは次のとおりです。

表　エンティティを小さく保つガイドライン

対象	ガイドライン
メソッドの行数	3 行を目標にする　1 行でもよい
クラスの行数	50 行を目標にする　100 行以上は不可
パッケージのファイル数	10 ファイル以内

このガイドラインに従うと、かなりの数のメソッド、クラス、パッケージに分けることになります。そして、その数だけ「名前」を考える必要があります。それが、コードの見通しを良くし、どこに何が書いてあるかを明確にするのに効果的です。

大きなクラスや長いメソッドの中で、何がどこに書いてあるかを探すためには、すべてのコードを読む必要があります。

小さく分けて、適切な名前がついていれば、その名前から、どこに何が書いてあるかを推測しやすくなります。

● 1 つのクラスのインスタンス変数は 2 つまで

インスタンス変数とメソッドの関連づけを徹底するためのルールです。第 1 章で説明した値オブジェクトやコレクションオブジェクトは、このルールの具体的な適用例です。

インスタンス変数とメソッドが密接に結び付いたクラスは、目的が単純で、意図が明確になります。

どこに何が書いてあるかの特定がしやすく、変更の箇所とその影響範囲をクラスに閉じ込めやすくなります。

インスタンス変数が増えると、クラスの意図がだんだんぼやけてきます。その結果、そのクラスは複数の目的に使われはじめ、コードがいろいろな理由で追加され、「巨大なクラス」を生み、コードの重複が増え、変更をだんだんやっかいにしていきます。

●**ファーストクラスコレクションを使う**

第1章の最後で説明したコレクションオブジェクトです。

関連するデータとロジックをできるだけ近くに置くのがオブジェクト指向の鉄則です。

配列やコレクションの操作は、コードが複雑になりやすく、バグが混入しやすい場所です。そういう危険なコードは、そのコレクションをインスタンス変数に持つクラスに集めて管理します。

クラスを巨大にしないために、対象の配列／コレクションを1つだけ持つ独立したクラスにします。

その結果、配列／コレクションを操作するロジックが1ヵ所に集まり、わかりやすく安全に操作しやすくなります。

●**getter、setter、プロパティを使わない**

第3章で説明したように、「データクラス」は諸悪の根源です。

getter、setter、プロパティはデータクラスのための設計パターンです。

メソッドは、何らかの判断／加工／計算をしなければいけません。インスタンス変数をそのまま返すだけの getter を書いてはいけません。

インスタンス変数を書き換える setter は、プログラムの挙動を不安定にし、バグの原因になります。第1章で説明した「値オブジェクト」の設計パターンを使って、不変にするのが良い設計です。

プロパティは、getter ／ setter そのものです。言語仕様としてサポートされていても使うべきではありません。

オブジェクト指向の考え方を理解する

　この章で取り上げた『リファクタリング』と『ThoughtWorks アンソロジー』の「オブジェクト指向エクササイズの9つのルール」は、コードの書き方として、オブジェクト指向の設計のやり方を学ぶ良い方法です。

　この2つの方法によって、オブジェクト指向らしい設計に慣れてきたら、「なぜ、そうするのか？」という、オブジェクト指向の考え方を学ぶことで、より深くオブジェクト指向を体得できます。

　オブジェクト指向の考え方とやり方を、より深く学ぶために、以下の3冊の書籍をおすすめします。

- 『実装パターン』Kent Beck 著
- 『オブジェクト指向入門』Bertrand Meyer 著
- 『ドメイン駆動設計』Eric Evans 著

■『実装パターン』

　『リファクタリング』の著者のひとりである、ケント・ベック氏が書いた、プログラミングの考え方のコンパクトな入門書です。

　特に第3章「プログラミングの理論」と第4章「動機」は、リファクタリングの根底にある考え方を取り上げています。

　第3章「プログラミングの理論」では、メソッドやクラスに問題を局所化することの価値が説明されています。

　第4章「動機」では、ソフトウェア設計の価値を「変更コスト」という経済価値の観点から説明しています。本書でも、基本的にこの考え方を踏襲しています。

第10章　オブジェクト指向設計の学び方と教え方　307

第5章以降で、コードレベルでの実践方法として、クラス設計やメソッド設計の設計パターンが説明されています。
　『リファクタリング』と合わせて読むことで、ケント・ベック氏の考えるオブジェクト指向らしい設計の考え方を具体的に学ぶことができます。

図10-3 『実装パターン』

著：Kent Beck
監訳：永田渉、長瀬嘉秀
訳：㈱テクノロジックアート
2008年、ピアソンエデュケーション

■『オブジェクト指向入門』

　オブジェクト指向設計の動機として、変更容易性を重視し、モジュール化の方法として抽象データ型を採用することの重要性を説明した本です。
　2分冊とボリュームが多く、読みやすいとは言いにくい本ですが、オブジェクト指向の考え方を整理するために、非常に参考になる本です。
　特に、以下の章は一読をおすすめします。

- 第1章　ソフトウェアの品質
- 第3章　モジュール性
- 第6章　抽象データ型
- 第11章　契約による設計：信頼性の高いソフトウェアを構築する
- 第12章　契約が破られるとき：例外処理
- 第22章　クラスの見つけ方

- 第28章　ソフトウェア構築過程
- 第29章　オブジェクト指向という手法を教える

図10-4 『オブジェクト指向入門 第2版　原則・コンセプト』

著：Bertrand Meyer
訳：酒匂寛
2007年、翔泳社

図10-5 『オブジェクト指向入門 第2版　方法論・実践』

著：Bertrand Meyer
訳：酒匂寛
2008年、翔泳社

『ドメイン駆動設計』

　オブジェクト指向設計を現実のアプリケーション開発に応用するための、実践的で示唆に富んだ名著です。

　手続き型のプログラミングしか経験していないと、この本の内容は理解が難しいかもしれません。

　『リファクタリング』や『実装パターン』の考え方がある程度わかってくると、この本はオブジェクト指向設計を実践するすばらしい手引きになります。

　また、開発のやり方としてエクストリームプログラミング（XP）を実践するガイドとしても参考になります。

　エクストリームプログラミングが重視する「インクリメンタルに設計する」とは具体的にどういうことなのかを知る、良い参考書です。

　この本の特徴は最初の3つの章に現れています。

- 第1章　知識をかみ砕く
- 第2章　コミュニケーションと言語の使い方

・第3章　モデルと実装を結びつける

　ドメイン駆動設計の基本は、開発者が積極的にアプリケーションの対象領域（ドメイン）を学ぶことです（第1章）。

　そして、対象領域を学ぶためには、その分野の関心事がどのような言葉で語られているかに注目します（第2章）。会話を通じて、しゃべってみたり、聞いてみたときの違和感やフィット感を分析設計の手がかりにするのがドメイン駆動設計の重要な実践原則です。開発者が対象領域の言葉を理解し、正しい言い回しを身につけることが、ドメインモデルの設計の基礎になります。

　ドメインモデルは対象領域をうまく説明できると同時に、そのまま実装できるほど明確であることが重要です（第3章）。これは、分析やモデリングと実装がかい離しがちな開発手法とは正反対のアプローチです。

　ドメインを学び、そのために業務で使われる言葉に注目し、それをそのままクラスとして実装します。これこそ、オブジェクト指向らしいソフトウェアの開発のやり方です。

　ドメイン駆動設計は、利用者の関心事とプログラミングの構造を一致させる工夫です。それによって、ソフトウェアはどこに何が書いてあるかわかりやすくなります。

　ドメイン駆動設計は、業務ロジックに着目し、関連する業務データと業務ロジックをドメインオブジェクトとしてひとまとまりにすることに焦点を当てます。それによって、業務ロジックの重複が減り、変更の影響を局所に閉じ込めやすくなるのです。

図10-6 『エリック・エヴァンスのドメイン駆動設計 ソフトウェアの核心にある複雑さに立ち向かう』

著：Eric Evans
監訳：今関剛
訳：和智右桂、牧野祐子
2011年、翔泳社

››› 第10章のまとめ

- オブジェクト指向は言葉による説明より、具体的なコードで学ぶのが実践的
- 『リファクタリング』を参考に、既存のコードを改善してみる
- 「オブジェクト指向エクササイズの9つのルール」で練習してみる
- オブジェクト指向らしい設計に慣れてきたら、より深く学ぶために『実装パターン』『オブジェクト指向入門』『ドメイン駆動設計』を読むとよい
- 特に『ドメイン駆動設計』は、オブジェクト指向設計を現場で実践するためのすばらしい手引き

参考文献一覧

1章　3章　4章　5章　7章　8章　10章

『エリック・エヴァンスのドメイン駆動設計
ソフトウェアの核心にある複雑さに立ち向かう』

著：Eric Evans、監訳：今関剛、訳：和智右桂、牧野祐子、2011年刊行、翔泳社

1章　10章

『実装パターン』

著：Kent Beck、監訳：永田渉、長瀬嘉秀、訳：㈱テクノロジックアート、2008年刊行、ピアソンエデュケーション

1章　10章

『ThoughtWorksアンソロジー
アジャイルとオブジェクト指向によるソフトウェアイノベーション』

著：ThoughtWorks Inc.、訳：㈱オージス総研、オブジェクトの広場編集部、2008年刊行、オライリージャパン

2章　10章

『新装版 リファクタリング
既存のコードを安全に改善する』

著：Martin Fowler、訳：児玉公信、友野晶夫、平澤章、梅澤真史、2014年刊行、オーム社

3章 **5章**

『エンタープライズアプリケーションアーキテクチャパターン』

著：Martin Fowler、監訳：長瀬嘉秀、訳：㈱テクノロジックアート、2005年刊行、翔泳社

3章

『[改訂新版]Spring入門　Javaフレームワーク・より良い設計とアーキテクチャ』

著：長谷川裕一、大野渉、土岐孝平、2016年刊行、技術評論社

6章

『理論から学ぶデータベース実践入門
リレーショナルモデルによる効率的なSQL』

著：奥野幹也、2015年刊行、技術評論社

6章

『SQLアンチパターン』

著：Bill Karwin、監訳：和田卓人、和田省二、訳：児島修、2013年刊行、オライリー・ジャパン

6章

『データベース・リファクタリング』

著：Scott W. Ambler、Pramodkumar J. Sadalage、訳：梅澤真史、越智典子、小黒直樹、2008年刊行、ピアソンエデュケーション

7章

『ノンデザイナーズ・デザインブック[第4版]』

著：Robin Williams、監訳：小原司、米谷テツヤ[日本語版解説]、訳：吉川典秀、2016年刊行、マイナビ出版

313

7章

『エクストリームプログラミング』

著：Kent Beck、Cynthia Andres、訳：角征典、2015年刊行、オーム社

8章

『Web API：The Good Parts』

著：水野貴明、2014年刊行、オライリー・ジャパン

8章

『マイクロサービスアーキテクチャ』

著：Sam Newman、監訳：佐藤直生、訳：木下哲也、2016年刊行、オライリー・ジャパン

8章

『Enterprise Integration Patterns: Designing, Building, and Deploying Messaging Solutions』

著：Gregor Hohpe、Bobby Woolf、2003年刊行、Addison-Wesley Professional

10章

『オブジェクト指向入門 第2版　原則・コンセプト』

著：Bertrand Meyer、訳：酒匂寛、2007年刊行、翔泳社

10章

『オブジェクト指向入門 第2版　方法論・実践』

著：Bertrand Meyer、訳：酒匂寛、2008年刊行、翔泳社

索 引

記号

@Controller 152
@Repository 152
@RestController 248
@Service 152

数字

200 OK 236
201 Created 235
204 No Content 236
303 See Other 254
404 Not Found 237, 239, 254
500 Internal Server Error 239

A

Accountパターン 125
API (Application Programming
　Interface) 243
API開発 245
APIの粒度 244
APIを進化させる 261

B

BigDecimal 029

C

class属性 215
Commonクラス 073
CRUD 072, 168
Customersクラス 041

D

DAO 152
DELETE 233, 237
DELETE文 186

DueDateパターン 125, 126

E

else句 050, 303

G

GET 233, 234, 250
getter 069, 078, 306

H

HTML 215
HTTPステータスコード 233, 238
HTTP通信を使った
　アプリケーション間の連携 231
HTTPメソッド 233

I

if文 048, 052
INSERT文 168, 184, 186
int 029
ISO 8601 259

J

Jackson 247
JPA (Java Persistence API) 194
JSON 231, 255, 264

M

MyBatis SQL Mapper 193

N

NOT NULL制約 178, 179, 182
null ／ NULL 166, 179
NULL逃れ 180

315

O

One Size Fit All 241

P

Policyパターン 125, 128
POST 233, 235, 250
Predicateインターフェース 129
public 085
PUT 233, 235

Q

Quantityクラス 030

R

REST 248
RestController 247
RFC 3339 259
Ruleインターフェース 129

S

SELECT文 168
setter 036, 069, 306
Spring Framework 151
SQL Mapper 193
Stateパターン 125
Swagger UI 247
switch文 048

T

ThoughtWorksアンソロジー 301
To-Do管理ツール 139, 278

U

UML 272
UPDATE文 183, 186
URI (Uniform Resource Identifier)
.... 232
Utilクラス 073

V

Value Object 033
V字モデル 270

W

Web API 227, 229, 231, 241, 243
Web APIのバージョン管理 253
Webサービス 244

X

XML 231, 264
XP 309

あ行

赤黒処理 184
値オブジェクト 033, 045, 124, 131, 303
アノテーション 151
アプリケーション間の連携 226
アプリケーション間の連携方式 227
アプリケーションサービスクラス 151
アプリケーション層 069
アプリケーション層のクラスの役割 150
暗黙知を引き出す 138
一意性制約 178, 180, 182
イベント 066
イベントソーシング 188
インスタンス変数 036, 081
インターフェース 032
インターフェース宣言 055, 057
請負契約 284
営業ツール 280
エクストリームプログラミング 309
エラー時のHTTPステータスコード 238
エンティティを小さくする 304
オブジェクト 192
オブジェクト指向 290
オブジェクト指向エクササイズ 301
オブジェクト指向設計を学ぶ 293
オブジェクト指向入門 308
オブジェクト指向のアプローチ 105
オブジェクト指向らしい開発 275

316

オブジェクト指向らしい設計 025
オブジェクトの設計 191

か行

ガード節 052
開発プロジェクトのマネジメント 283
外部キー制約 176, 178, 181, 183
拡張API 260
拡張用のカラム 175
加工 028
型 032, 036, 054, 057
画面 158, 198, 209, 217, 279
画面アプリケーション 198
画面項目のグルーピング 220
画面デザインの4原則 220
画面の関心事 202
画面を表示するロジック 199
カラム 175
カラムの追加 184
カラム名 177, 279
環境構築スクリプト 281
関心事の不一致 256
完全コンストラクタ 036
期日（DueDate）パターン 125, 126
技術方式のドキュメント 281
機能クラス 068
基本API 260
基本データ型 028
凝集度が高い 084
共通ライブラリクラス 073
業務知識の暗黙知 138
業務の関心事 026, 045, 112
業務の関心事のパターン 123, 125
業務フロー図 107, 141
業務ルールの記述 121
業務ロジック 029
巨大なクラス 296
巨大なテーブル 175
近接 221
区分オブジェクト 061, 124
区分ごとのロジック 048

クラス 026, 032
クラス設計 077
クラス名 018, 130, 134
グルーピング 220
計算 028
契約 283
契約による設計 165
結合度 052
口座（Account）パターン 125
更新すべきドキュメント 279
コードの重複を解消する 023
コードの不吉な臭い 293
固定電話の電話番号 031
コト 112, 114, 116, 182
コトの記録 182, 185
個別対応API 260
コミュニケーションツール 139, 249, 278
コレクションオブジェクト
041, 045, 124, 306
コレクション型 039
コンテキスト図 141

さ行

サービスクラス 151, 154
参照 185, 250
参照系のサービス 160
三層＋ドメインモデル 089, 150
三層アーキテクチャ 069
視覚表現 217
資源 232
自己文書化 135, 281
システム企画書 280
実装パターン 307
自動化スクリプト 281
シナリオクラス 166
シナリオテスト 167
自由項目 175
主要クラス図 142
準委任契約 284
状態 185
状態（State）パターン 125

状態遷移	063
進捗	284
数値系の値オブジェクト	033
スキーマ名,テーブル名,カラム名	177
スコープ	085
ステータスコード	239
正規化	179
制約	178
整列	221
設計	014, 096, 274
設計クラス	097
設計を見直す	080
説明用の変数の導入	021
早期リターン	051
疎結合	053
ソフトウェアの設計	014

た行

対象領域	026, 086
大は小を兼ねるAPI	241
対比	221
タイムゾーン	259
タスクベースのユーザインターフェース	205
多態	057
段落	018
小さく分ける	159
小さなクラス	027, 028
チャット	278
帳票	279
重複したコード	023, 294
使いにくいWeb API	241
定義リスト	213
ディスカッションボード	139
データアクセスオブジェクト	152
データ型	178
データクラス	068, 075, 306
データ構造の不一致	255
データソース層	069, 151
データベース	168
データベース共有	227, 228
データベース設計	177, 182

データモデル	100
データを使った演算	028
テーブル	192
テーブル設計	174, 191
テーブルの正規化	179
テーブル名	177, 279
テストコード	281
テストスクリプト	281
電子メール	278
電話番号	031
登録	250
登録系のサービス	160
ドキュメント	276
ドメイン	026, 086
ドメインオブジェクト	026, 086, 094, 209
ドメインオブジェクトの設計	130
ドメインオブジェクトの設計パターン	124
ドメインオブジェクトの見つけ方	112
ドメインオブジェクトを整理する	088
ドメイン駆動設計	309
ドメインモデル	089, 094, 100
ドメインモデルの設計	104
ドメインモデルを改善する	154
トランザクションスクリプト	123
取りまとめ役のクラス	131

な行

長いメソッド	295
名前のわかりやすさ	017
何でも画面	208

は行

場合分け	303
バージョン番号を入れたURI	253
配置スクリプト	281
破壊的代入	021
場合分けのロジック	048
パッケージ	084, 088
パッケージ図	106, 142
判断	028
判断ロジック	121

反復	221			
非機能要件	281			
日付系の値オブジェクト	033			
日付データの形式	259			
ヒト	112, 113, 183			
非同期メッセージング	188, 265			
ビュー	212			
表示のためのロジック	199			
ビルドスクリプト	281			
品質保証	285			
ファーストクラスコレクション	041, 306			
ファイル転送	227			
フェーズ	270			
複文構造	052, 303			
物理的なビュー	212			
振る舞いを持つ	061			
プレスリリース	223, 280			
プレゼンテーション層	069, 151, 158			
プログラムの自己文書化	135			
プロジェクト計画書	280			
プロパティ	306			
分析	096, 274			
分析クラス	097			
変更が大変なプログラム	015			
変数名	017			
防御的プログラミング	165			
方針（Policy）パターン	125, 128			
ホワイトボード	139, 278			

ま行

マイクロサービス	262
短いメソッド	027
見積もり	283
メソッド	021, 026
メソッドの抽出	022, 303
メソッド名	130, 134
メッセージング	227, 229
文字列系の値オブジェクト	033
モノ	112, 113, 183
問題領域	086

や行

約束の記録	182
良いWeb API	241
予備項目	175

ら行

ラフスケッチ	277
リソース	232
リファクタリング	021, 293, 297
リポジトリ	169
粒度	244
利用者ガイド	223, 280
利用者の関心事	209
利用者向けのドキュメント	279
リリースノート	223, 280
ルールの集合	128
例外	166
列挙型の集合操作	124
ローカル変数	020
ロジック	028
ロジッククラス	068
ロジックの移動	131
論理的なビュー	212

わ行

わかりやすい名前	017

お問い合わせについて

本書に関するご質問は、FAXか書面でお願いいたします。電話での直接のお問い合わせにはお答えできません。あらかじめご了承ください。下記のWebサイトでも質問用フォームを用意しておりますので、ご利用ください。ご質問の際には以下を明記してください。

・書籍名　・該当ページ　・返信先（メールアドレス）

ご質問の際に記載いただいた個人情報は質問の返答以外の目的には使用いたしません。お送りいただいたご質問には、できる限り迅速にお答えするよう努力しておりますが、お時間をいただくこともございます。なお、ご質問は本書に記載されている内容に関するもののみとさせていただきます。

問い合わせ先

〒162-0846　東京都新宿区市谷左内町21-13
株式会社技術評論社　書籍編集部
「現場で役立つシステム設計の原則」係
FAX：03-3513-6183
Web：https://gihyo.jp/book/2017/978-4-7741-9087-7

［装丁・本文デザイン］
竹内雄二

［DTP］
SeaGrape

［編集］
傳 智之、緒方研一

現場で役立つシステム設計の原則
～変更を楽で安全にするオブジェクト指向の実践技法

2017年 7月18日　初版　第1刷発行
2023年12月12日　初版　第7刷発行

［著　者］　増田 亨（ますだ とおる）
［発行者］　片岡 巌
［発行所］　株式会社技術評論社
　　　　　　東京都新宿区市谷左内町21-13
　　　　　　電話 03-3513-6150　販売促進部
　　　　　　　　　03-3513-6166　書籍編集部
［印刷・製本］港北メディアサービス株式会社

定価はカバーに表示してあります。
本書の一部または全部を著作権法の定める範囲を超え、
無断で複写、複製、転載、テープ化、ファイルに落とすことを禁じます。
©2017　増田 亨
造本には細心の注意を払っておりますが、
万一、乱丁（ページの乱れ）や落丁（ページの抜け）がございましたら、
小社販売促進部までお送りください。送料小社負担にてお取り替えいたします。
ISBN978-4-7741-9087-7　C3055　Printed in Japan